宁夏大学优秀学术著作出版基金

国家自然科学基金（31760370和31860362）

宁夏自然科学基金（2020AAC3098、2019AAC03058和2021AAC03003）

宁夏青年科技人才托举工程（科协，发组字〔2017〕76号）

"十一五"国家科技支撑计划项目（2006BAD29B03）资助

RESEARCH ON RIDGE AND FURROW
RAINWATER HARVESTING WITH
MULCHING TECHNOLOGIES FOR
SPRING MAIZE IN SEMI-HUMID
REGIONS PRONE TO DROUGHT

半湿润易旱区
春玉米沟垄集雨结合
覆盖技术研究

李　荣　侯贤清　贾志宽　韩清芳●著

黄河出版传媒集团
阳光出版社

图书在版编目（CIP）数据

半湿润易旱区春玉米沟垄集雨结合覆盖技术研究 /
李荣等著. -- 银川：阳光出版社，2021.9

ISBN 978-7-5525-5973-6

Ⅰ.①半… Ⅱ.①李… Ⅲ.①玉米－地膜栽培 Ⅳ.
①S513

中国版本图书馆CIP数据核字(2021)第117396号

半湿润易旱区春玉米
沟垄集雨结合覆盖技术研究　　李　荣　侯贤清　贾志宽　韩清芳　著

责任编辑　马　晖
封面设计　赵　倩
责任印制　岳建宁

 黄河出版传媒集团
阳　光　出　版　社　出版发行

出 版 人　薛文斌
地　　址　宁夏银川市北京东路139号出版大厦（750001）
网　　址　http://www.ygchbs.com
网上书店　http://shop129132959.taobao.com
电子信箱　yangguangchubanshe@163.com
邮购电话　0951-5014139
经　　销　全国新华书店
印刷装订　宁夏银报智能印刷科技有限公司
印刷委托书号　（宁）0021086

开　　本　787mm×1092mm　1/16
印　　张　10
字　　数　180千字
版　　次　2021年9月第1版
印　　次　2021年9月第1次印刷
书　　号　ISBN 978-7-5525-5973-6
定　　价　68.00元

前　言

　　中国北方旱作区面积约占国土面积的 51.0%,据 2010 年水利部统计,1.2 亿 hm² 耕地中无灌溉条件的旱地占 52.5%,其中以黄土高原为中心的半干旱区是中国旱作农业的主要分布区。自然降水是该区农业生产的唯一水分来源,20%~25% 的自然降水形成初级生产力,10%~15% 发生水土流失,60%~70% 成为无效蒸发。因此,为进一步提高旱地的土壤温度和降水利用效率,以达到增加作物产量的目的,采取必要的保护性耕作技术及集水补灌措施,将对旱作区的农业生产起到积极的作用。传统的覆盖技术虽具有良好的增温保墒作用,但旱作区降水稀少,年降水时空变化率大,土壤水分蒸发强烈,且早春时微效降水(小于 10 mm 的降水)多,不能有效集蓄利用,致使作物棵间蒸发量大、生育期降水保蓄率及利用率低导致作物减产等问题,因此必须探索一种新的保墒抑蒸技术模式,以实现农民的增产增收。微集雨技术能够有效改善旱作区土壤的水、热状况,促进作物的生长。垄沟集雨结合覆盖技术,基于传统的沟垄微集水栽培技术并加以改进和创新,利用地膜覆盖垄实现降水在空间上的叠加,沟内覆盖不同材料,以减少土壤水分蒸发,可有效提高降水利用率和作物产量。该技术因其具有良好的土壤抑蒸保墒增温效果备受关注,已成为目前研究的热点。在旱作区深入开展沟垄集雨结合覆盖技术的研究将对提高旱作农田降水利用率及完善微集水种植技术有着极为重要的意义。

　　纵观现有研究,研究者在旱作农田降水就地蓄积、保土保水、作物水分高效利用等关键技术等方面的研究,探索出了旱作沟垄集雨结合覆盖技术体系,可大幅度提高降水保蓄率、水肥利用率和利用效率。《半湿润易旱区春玉米沟垄集雨结合覆盖技术研究》一书对黄土高原半湿润易旱区旱地沟垄集雨技术研究有颇为详细的反映，对建立区域合理的沟垄集雨覆盖模式具有重要的理论及实践意义。从书中介绍内容来看，本书对半湿润易旱区春玉米沟垄集雨结合覆盖技术模式下土壤与作物生态效应进行了深入研究。本书分为八章，第一章主要介绍了国内外沟垄集雨技术与环保型材料覆盖技术研究进展，第二章阐述了沟垄集雨结合覆盖对土壤水分的影响，第三章研究了沟垄集雨结合覆盖对土壤温度的影响，第四章主要研究了沟垄集雨结合覆盖对土壤养分和酶活性的影响，第五章阐明了沟垄集雨结合覆盖对玉米光合生理的影响，第六章研究了沟垄集雨结合覆盖对玉米生长发育的影响，第七章研究了沟垄集雨结合覆盖对玉米水分利用效率的影响，第八章综合评析了半湿润易旱区春玉米沟垄集雨结合覆盖技术适应性研究。

本书依托国家及自治区科技支撑项目，作者在黄土高原半湿润易旱区沟垄集雨种植技术方面多年研究工作的基础上，对春玉米沟垄集雨结合覆盖技术研究进行了系统性和阶段性总结。所包括的内容是"十一五"国家科技支撑项目"农田集雨保水关键技术研究"和宁夏回族自治区科技攻关计划项目"旱作农田抗旱避灾节水技术研究"所取得的科研成果，是参与项目的科学家和在实施过程中所有参与课题研究的团队智慧和劳动的结晶。在多年春玉米沟垄集雨结合覆盖技术研究方面，除本书作者以外，许多老师和研究生也参与大量工作，并付出辛勤努力，他们是张睿老师、丁瑞霞老师、杨宝平老师、王俊鹏老师、聂俊锋老师、任小龙老师、任世春老师，王敏、石艳艳等研究生，在本书出版之际也向他们表示衷心感谢！

本书科学性、实用性强，其内容丰富了旱农高效用水的相关理论，技术新颖，研究内容系统，可操作性强。该书的出版，为从事旱农研究与生产应用的科技人员提供了一部有价值的参考读物。由于时间仓促，加之我们学识水平有限，书中的不妥及遗漏之处在所难免，敬请各位专家同行和参阅者批评指正。

著者

2020 年 12 月于银川

目　录

第一章　国内外沟垄集雨技术与环保型 材料覆盖技术研究进展

第一节　研究背景

渭北旱塬区位于中国黄土高原南部,属暖温带半温润易旱区,光热资源比较丰富,光合生产潜力较大,但地面水和地下水缺乏,农业生产主要依靠自然降水,属典型的雨养农业区。该区年均降水量在 500~700 mm,其中 60%左右的降水主要集中在 7~9 月份,且时空分布不均、变率大,土壤水分蒸发强烈,季节性降水不足且与作物的需水规律不相吻合,严重限制了该区的农作物生产(张正茂,1999)。因此,如何提高自然降水的保蓄和利用效率,解决水分供需矛盾是促进渭北旱塬区农业生产的技术关键。

沟垄覆膜集雨技术由田间平行交替的垄和沟组成,其中垄上覆膜作为集雨区,沟内不覆盖作为种植区,现已成为旱作农业区最主要的节水措施之一(韩清芳等,2004)。该技术可收集无效和微效降雨,抑制膜下土壤水分蒸发,促进降雨入渗, 从而改善作物根区土壤水分的供应状况 (Cater and Miller, 1991;Li,et al.,2000,2001;Xie,et al.,2005;Zhang,et al.,2007)。与传统平作模式相比,垄上覆膜沟内不覆盖种植方式能在一定程度上提高作物产量和降雨利用效率(朱国庆等,2001;王俊鹏等,1999,2000;王琦等,2004)。然而,在降雨少、分布不均且蒸发强烈的黄土高原旱作区,沟内不覆盖对有限降水的利用和作物水分利用效率的提高有限,进一步提高作物生产水平仍具有较大潜力。Li,et al.(2001)的研究认为,垄覆地膜的沟垄集雨系统结合沟内覆盖卵石、砾石、粗砂能进一步加强集雨效果,显著改善作物产量和水分利用效率。然而砾石覆盖不仅需要砂石资源,且也不宜实现机械化,推广受到一定限制。

因此，在沟垄集雨模式下选择合适的材料进行沟内覆盖来抑制土壤水分蒸发，对进一步提高旱作区降水利用率具有重要意义。

地膜覆盖能够减少土壤水分损失、调节土壤温度（夏自强等，1997），增加降雨入渗（Ramakrishna，et al.，2006），提高土壤保水力（Ghosh，et al.，2006），加快作物生育进程，显著增加作物产量（Romic，et al.，2003；Tiwari，et al.，2003；Xie，et al.，2005；Zhou，et al.，2009）。然而，多年非降解地膜（塑料地膜）的广泛使用会损害雨养农业生态系统的可持续发展（Acharya，et al.，2005），且导致严重的土壤和环境污染（Briassoulis，2006；Scarascia-Mugnozza，et al.，2006）。近年来，环境友好型可降解覆盖材料的发展和使用已备受广泛关注。关于可降解地膜，目前研究主要集中于原材料组成、降解性能及不同种类可降解地膜的对比研究，而对可降解地膜大田应用的系统化研究较少。

本研究主要针对渭北旱塬年均降水量 500~700 mm 的半湿润易旱区玉米生育期干旱和苗期低温等问题，从改善旱地玉米生长环境及提高降水的高效利用入手，把可降解覆盖材料应用于集雨种植，将垄上覆盖集雨与沟内覆盖保水相结合，在沟垄集雨栽培模式下，通过垄上覆盖普通地膜沟内覆盖普通地膜、生物降解膜、液体地膜及秸秆四种材料，以传统平作不覆盖为对照。本研究的目的是：（1）研究不同沟垄覆盖材料对土壤温度、水分利用、土壤养分、酶以及玉米生长和产量的影响，为完善集雨种植栽培技术提供一定的理论依据；（2）分析比较不同沟垄覆盖材料的经济效益及产投比，筛选出适合黄土高原半湿润易旱区玉米生产的有效种植模式。

第二节　集水农业研究综述

一、集水农业的定义

1963 年 Geddes（1963）首次提出"集水（Water harvesting）"这一概念，定义为："收集和贮存径流或溪流用于农业灌溉使用"。1964 年，Myers（1964，1967）将其定义修改为"通过人为措施处理集流面增加降雨和融雪径流，进而收集利用的过程"，同时提出"贮存"是集水系统的重要组成部分。1988 年，Reij 等

（1988）将集水较全面地定义为："收集各种形式的径流用于农业生产、人畜饮水或其他用途"。地表径流（包括融雪、降雨径流和季节性溪流）是集水系统中的关键因素，而降雨径流的收集和利用是集水的主要形式。1999 年，李凤民（1999）将集水农业（Water Harvessting Agriculture）概括为："利用人工或天然集水面收集径流，将径流贮存在一定的蓄水设施中，在作物需水期实施有限补灌；或者将径流引向一定的作物种植区，使有限的降雨在一定面积内富集、叠加，大幅度改善作物种植区的水分状况，降低作物的耗水系数，充分发挥环境资源和水肥生态因子的协同增效作用，提高农业生产力水平"。集水农业重点突出降水在时空上的可调性，强调水分利用的主动性，以主动抗旱的策略解决降水供需错位的问题和有限资源中丰度提高的问题，其过程主要包含径流收集—雨水贮存—高效利用 3 个环节（杨继福等，1999）。在形式和种类上，集水措施根据当地的地理环境和气候条件千差万别，如集流梯田、微型集水区集雨等。但各种集水措施都由产流区和集水区组成，适用于干旱地区、半干旱地区和半湿润易旱地区，具有技术简单，工程量小、投资少、见效快和便于推广等特点（魏虹和王建力，1999；李荣等，2012）。

二、集水农业的发展历史

伴随着人类漫长的生产实践活动，雨水利用已成为一项古老而文明的技术。早在 4000 年前，中东、南阿拉伯及北非地区就出现了用雨水收集系统来进行灌溉、生活和公共卫生等；2000 年前，阿拉伯的闪米特部族的纳巴泰人在内格夫沙漠创造了集流集水系统，利用人工改造过的山坡来收集降水以种植作物；1000 多年前，秘鲁、墨西哥及南美的安第斯山的山坡上建造了既能灌溉又能排水的旱作雨养梯田；15 世纪，印度的 Thar 沙漠地区采用了"khadin"集水农业系统；几百年前，印第安人通过水池、水窖、水坝及石堤等设施收集雨水来种植玉米、南瓜和甜瓜等作物。我国大禹治水时期"尽力乎沟洫"，商代在黄河流域就开始有大规模的"沟洫"；秦汉时期，已有"陂塘"联用；唐代开始盛行"淤溉"；600 多年前已有水窖、旱井（王百田，1998）。雨水利用的技术在 20 世纪 50 年代以前进展很缓慢，而且随着第一、二次世界大战和政治的动荡，许多古老的径流农业区被废弃和遗忘（李小雁，2000）。

20 世纪五六十年代以后，随着第二次世界大战的结束和经济的复苏，以及全球人口的增长和旱灾频率的加快，古代的雨水利用技术再次受到重视，在有关国家政府的参与和科技工作人员的共同努力下，进行了大规模的理论研究和技术开发。1910—1980年，有关集水的170篇文章被发表（Ben-Asher, et al.，1985；Ben-Asher and Warrick，1987）；重要的著作有：《干旱地区集水保水技术》（美国科学家编著，1974）、《集水会议文集》（Frasier 主编，1974）、《干旱区径流增加措施》（Hillel 主编，美国农业部科技报告）。另外，以 Evenari、Shanan 和 Tadmor 为代表的科学家在以色列的阿夫达特和萨夫塔两地区对径流农业系统进行了较大规模的研究，提出了黄土径流理论；以 Cluff、Dutt、Frasier、Myers、Kemper 和 Mcintyre 等为代表的科学家在美国主要研究了集水面处理方式对径流的收集效率及其水质的影响（Mysers, et al.，1967；Frasier，1975，1983；Frasier, et al.，1979；Cluff，1974；Dutt and Mc Creary，1974；Kemper and Noonan，1970；Kemper, et al.，1994；Mcintyre，1958）；以 Frith、Hollick 和 Laing 为代表的澳大利亚科学家对道路型集流面的降雨-径流过程、集水面的坡度和面积、土壤的冲刷和风险评价、径流的分散和贮存以及对蒸发和下渗的防治做了深入研究（Hollick，1982；Frith and Nulsen，1971；Frith, et al.，1975；Frith，1975；Laing，1970，1975）；20世纪70年代以后，印度西北地区集水种植技术已广泛盛行，提出了暴雨集水法；伊朗的集水技术主要用于果树（如杏扁桃、阿月浑子和石榴等）及草场植物（苜蓿和兰草）种植。20世纪60年代，我国科学家在黄土高原进行水土保持研究时提出了鱼鳞坑和水平沟技术，70年代在吕梁山采用雨养梯田发展旱地农业（冯应新和钱加绪，1999）。

20世纪80年代以后至今，面对地表水的匮乏，地下水水位下降，水质变坏，土壤盐渍化和沙漠化等环境问题日益突出，各国对于合理利用雨水资源有了更加深刻的认识。20世纪80年代初，国际集雨集水系统协会成立，各国对雨水的利用有了更进一步的研究，出现了以解决旱地农业生产，改善农业生态系统，收集降雨径流为目的的微型集雨系统。我国于20世纪80年代开始，进行了为解决贫困山区人畜饮水问题的集水技术研究，1988年，兰州干旱气象所及甘肃省农业科学院的有关专家共同提出了"集水农业"的概念。20世纪90年代，以集水技术为依托建立了初具规模的庭院经济和大田作物集雨补灌试验与示范工程，例如陕西的"甘露工程"、内蒙古的"112"工程、甘肃的"121"工程、宁夏的"窖窖集水工程"、山西的"123"工程等，同时大面积在黄土高原区推广的田间沟垄集雨覆盖和集流梯田措施,在农业生产方面获得了显著的成效(屈振民等,2004)。

第三节　沟垄集雨技术研究综述

一、沟垄集雨技术的概念及类型

沟垄集雨种植技术是一种将雨水就地聚集进行补墒的田间集水农业技术,适用于缺乏径流源或远离产流区的旱地。该技术主要通过田间修筑沟垄,垄上覆膜,沟内种植作物,使垄上覆盖区的降雨叠加到沟内种植区,使降雨入渗得更深,减少蒸发损失(Li,et al.,1999;Boers,et al.,1986;Li,2001)。该技术可通过优化产流比(产流面积与径流面积之比),使种植区内的土壤水分增加,增加作物生长的水分供给,保证作物的正常生长,提高其水分利用效率,进而达到高产稳产的目的。

沟垄集雨种植技术基于雨水就地利用的理念,通过改变农田地表的微地形,使降雨在农田内就地再分配,最大限度地降低农田蒸发面积,将有限的降水尽可能地保留和集中到沟内种植区,从而达到雨水在农田内富集利用的目的。微集水种植技术中沟垄相间排列,垄上覆膜集雨、沟内种植作物,"沟"和"垄"相互联系、相互作用,共同构成微集雨种植水分环境系统(称为沟垄系统)。沟垄系统是农田微集水种植技术特有的内涵和水分调控方式,同时也是促进水分生产潜力进一步提高的关键所在(韩清芳等,2004)。沟垄集水种植技术因集水时间、种植模式、覆盖措施、技术组合方式等的不同,其表现类型亦不同(梁银丽,1997;张保军等,2000)。A. 按集水时间,可分为作物生育期集水保墒技术和休闲期集水保墒技术。B. 按种植模式,可分为微集水单作技术和间作套种技术。C. 按覆盖方式,可分为一元覆盖(如"膜盖垄、不盖沟"及"膜盖垄、半盖沟")微集水种植技术和二元覆盖(如"膜盖垄,秸秆盖沟")微集水种植技术。D. 按技术组合形式,可分为微集水种植单一技术和组合技术(如全程地膜覆盖高产栽培技术及覆膜沟穴播集雨增产技术等)。上述技术形式各异,但本质相同,均可概括为以集雨、蓄水、保墒为核心,通过农田水分调控来实现作物稳产高产的田间集水农业技术。

二、沟垄集雨技术的蓄水保墒效果

沟垄集雨技术通过平地起垄,在田间形成沟垄相间的微地形,使降水顺垄流入沟中,集雨区和作物种植区的降雨都集中到作物种植区,促进降雨入深;另外,起垄覆膜促使一部分的农田置于地膜覆盖的保护之下,同时有一定高度的垄体使种植区地表乱流减弱,地表蒸发较裸露地大为减少,因而沟垄微集水种植技术的蓄水保水效果非常明显(Li,et al.,2000,2002;Wang,et al.,2008)。韩思明等(1993)模拟人工降雨 45 mm 一天后,观察垄覆膜种植(沟垄均宽 66 cm)和平作模式下的聚水状况,其结果是垄覆膜种植下渗 50 cm,平作下渗 30 cm,前者比后者多下渗 20 cm,且垄覆膜处理水分不仅向下部入渗,而且还向两旁侧渗,具有明显的聚水效应。胡希远等(1997)研究认为,土垄和膜垄均可聚集水分,促使水分下渗,从而改善作物根际水分状况,降雨后2 d(降雨量为 30.6 mm),沟垄处理使雨水的入渗深度比平作增加了 3.3~10.8 cm,雨后第 4 天入渗基本稳定时增加了 4.1~12.6 cm,其集水效果表现为土垄宽带(垄宽 0.7 m、沟宽 1.2 m)<土垄窄带(垄宽 0.7 m 拍光、沟宽 0.6 m)<膜垄宽带(垄宽 0.7 m、沟宽 1.2 m)<膜垄窄带(垄宽 0.7 m、沟宽 0.6 m)。李军(1997)对起垄覆膜春小麦试验的研究表明,窄带型(垄宽 0.67 m、沟宽 0.67 m)的土壤蓄水量为 32.5 mm,宽带型(垄宽 0.67 m、沟宽 1.33 m)的土壤蓄水量为48.6 mm,分别比平作提高 35.1%和 45.4%。白秀梅等(2006)的研究表明,起垄覆膜集雨技术有明显的集雨效果,其中斜坡单向顺风、斜坡单向顶风、弧形顺风和弧形顶风 4 种垄覆膜沟种微集水种植处理土壤 0~60 cm 土层的平均土壤含水量较传统平作提高了 1.8%~2.1%。任小龙(2008a)对不同降雨量下沟垄微型集雨效果的模拟研究表明,沟垄微集雨处理能显著提高农田土壤水分含量,在 230 mm、340 mm 和 440 mm 雨量下,0~200 cm 土层平均蓄水量分别较传统平作多 5.3 mm、13.9 mm 和 16.3 mm,分别提高了 1.5%、3.7%和 4.2%,其增幅随着生育期雨量的递增而逐渐增大。

三、对土壤温度的影响

地膜的增温作用使起垄覆膜技术中垄体的土壤温度较传统平作明显提

高,同时垄上地膜的保温作用可通过土壤的导热性来提高膜外种植沟内的土壤温度。白秀梅(2006)的研究表明,起垄覆膜技术在玉米苗期的增温效果明显,到生长后期增温效果减弱。整个生育期起垄覆膜种植行间 0~20 cm 土层平均土壤温度比露地高出 1.5℃,平覆膜比露地高出 1.3℃,起垄覆膜技术在提高土壤温度方面表现出优越性。任小龙等(2008a)研究发现,在玉米全生育期 230 mm、340 mm 和 440 mm 的降雨量下,沟垄集雨种植 0~5 cm 层平均地温分别较传统平作增加了 1.2℃、1.1℃和 1.0℃。起垄覆膜,使农田表面凹凸不平,地面粗糙程度加大,从而加大了土壤地表面积,增强了对太阳光辐射的接收能力,使地面土壤温度提高(杨封科,2004)。据有关资料显示:起垄覆膜后地表面积较传统平作增加 3 025 m²/hm²,每年可多接收 6 750 J/hm² 的太阳光辐射热能,使 0~30 cm 层土壤温度提高 0.6~2.3℃。地温的提高可弥补作物生长过程中地积温的不足,有利于作物的生长发育,提高作物产量(卫正新等,2000)。韩思明等(1993)在渭北旱塬休闲地上,测得沟垄覆膜处理垄体 5~15 cm 层土壤温度较传统平作平均高 3℃,而沟内覆膜处理与平作处理差异不显著,且垄作覆膜处理的沟内土壤温度在作物生长期间均低于传统平作处理。

四、对土壤养分的影响

作物生长微环境中土壤水温状况的改善必然会影响到微环境中的土壤养分状况。田间沟垄集雨种植能有效地利用膜垄的集雨蓄水保墒功能,改变降雨的时空分布,使降雨和肥料集中在种植沟内,从而提高降水和肥料的利用效率(李小雁和张瑞玲,2005)。王晓凌(2002)研究表明,垄覆膜沟垄集水栽培能在一定程度上增加土壤中有效养分状况,特别是 NO_3-N 的供应。马铃薯生长初期,垄覆膜集水处理的 NO_3-N 含量比传统平作及土垄集水处理显著增加 20%~40%。崔光辉等(1996)认为,沟垄栽培的增温效应,可以促进土壤微生物的活动和土壤速效养分的释放。王彩绒(2004)研究发现,覆膜集雨能协调土壤水分和养分关系,利于作物的协调生长,提高地上部养分的携出量,从而获得高产。蔡焕杰等(1998)的田间实测结果证明,垄作水稻的土壤速效养分含量较传统平作明显增加,有利于水稻的生长发育。微集水种植技术的集水集肥效果可使种植区耕层的土壤速效养分(N、P、K)含量明显增加,且增幅随雨量不同而不同,任小龙(2008b)研究表明,在春玉米全生育期 230 mm、340 mm 和 440 mm 的模拟降雨量下,集水种植处理沟内土壤耕层速效氮(N)含量较传统平作增加 7.9%~21.5%,速效磷(P)含量增加 11.7%~21.6%,速效钾(K)含量增加 7.0%~15.4%。在夏玉米全生育期 230 mm、340 mm 和 440 mm 的模拟降雨量下,集水种植处理沟内土壤耕层速效氮(N)含量较传统平作增加 9.5%~18.3%,速效磷(P)含量增加 15.4%~23.8%,速效钾(K)含量增加 8.2%~19.4%。

五、对作物生长发育的影响

光、温、水、肥为农业生产的四大要素。田间沟垄微集水技术能显著改善作物生长微环境中的水温肥状况,必然会影响到作物的生长发育。王虎全等(2001)研究发现,全程地膜覆盖栽培技术下土壤水、热状况的不同,对小麦的生育进程产生显著影响:苗期较裸地(对照)提前 2 d,分蘖期比对照提前 4~5 d,越冬期比对照推迟 7~8 d,返青期比对照提前 4~5 d,拔节、抽穗和成熟期均比对照提前 3~4 d,全程地膜覆盖处理在冬前和拔节期的单株叶面积分别为 68.0 cm² 和 95.2 cm²,分别比对照提高 68.0% 和 75.1%;全程地膜覆盖处理在冬前、拔节期和灌浆期的单株干重分别为 0.84 g、2.05 g, 和 10.3 g,分别较对照提高 19.2%、57.7% 和 5.1%。白秀梅(2007)的研究表明,起垄覆膜处理玉米整个生育期较无膜对照区提前 15 d 成熟,其中出苗期比对照区提早 2~3 d,拔节期平均较对照区提早 9 d。丁瑞霞(2006)在微集水种植条件下研究了不同垄沟宽度和垄沟比对糜子、谷子、玉米三种作物的生理生态反应的影响,结果表明:集雨条件下糜子苗期较传统平作提前 1~3 d,分蘖期比平作提前 6~12 d,抽穗期比平作提前 11~20 d;谷子苗期较传统平作提前 1~2 d,拔节期较平作提前 4~13 d,抽穗期较平作提前 6~13 d;玉米苗期较传统平作提前 1~2 d,拔节期较平作提前 7~8 d,抽雄期较平作提前 6~10 d。集水处理边行谷子的平均株高分别比传统平作高 31.9~33.9 cm,中行谷子的平均株高分别比传统平作高 12.6~13.1 cm;集水处理玉米的平均株高比平作对照高 25.0~28.8 cm。任小龙等(2007,2008a)的研究表明,在不同模拟降雨量(在 230 mm、340 mm 和 440 mm)下,集雨处理下玉米成熟期较对应降雨量下传统平作处理提前 3~13 d, 全生育期株高提高 6.8%~27.2%, 叶面积提高

6.9%~73.9%,生物累积量提高 7.6%~86.6%。

六、对作物产量及水分利用效率的影响

沟垄集雨技术显著改善了土壤水热状况和养分条件,促进了作物的生长发育,从而提高作物的产量和水分利用效率。王俊鹏等(1999,2000a,2000b)在宁南国家旱农试验区的研究表明,当垄沟均为 60 cm 时,沟垄集雨处理玉米、小麦、谷子、糜子和豌豆产量分别比平作对照增加 69.8%、80.8%、83.6%、37.2%和77.1%;当垄沟均为 75 cm 时,产量分别增加 46.6%、54.7%、53.0%、2.7%和60.7%。在定西半干旱雨养农业区采用微集水种植技术使春小麦产量提高 34.4%~58.8%(朱国庆等,2001)。段喜明等(2006)对垄覆膜沟种集水技术的研究表明,斜坡单向顺风、斜坡单向顶风、弧形顺风和弧形顶风 4 种垄覆膜沟种模式下玉米的平均产量为 7 237.3 kg/hm²,最高可达 7 569.6 kg/hm²,比平覆膜增产 878.6~1624.1 kg/hm²,平均提高了 21.7%;比露地增产 2 646.9~3 392.4 kg/hm²,平均提高了 73.3%;在 4 种起垄覆膜技术中以斜坡单向顺风垄覆膜的产量最高,分别比平铺膜和对照区提高 27.3%和81.2%。

影响作物水分利用效率的因素较多,沟垄集雨技术通过改变作物种植区的供水量来提高作物对水分的高效利用。王俊鹏等(2000b)的研究表明,1997年和 1998 年沟垄微集水处理的玉米水分利用率分别达到13.3 kg/(hm²·mm)和21.8 kg/(hm²·mm),分别比平作对照高出 5.7 kg/(hm²·mm)和 8.7 kg/(hm²·mm),提高了作物的水分利用能力,明显提高了当季降雨的利用率。李小雁(2000)研究发现,沟垄集雨沟内结合覆盖种植(垄上和沟内均有覆盖)1998 年的玉米产量比平地对照增加 4 010~5 297 kg/hm²(108%~143%),比垄覆膜沟不覆处理增产 609~1 867 kg/hm²(16%~50%)。山仑(1983)通过多年的旱农研究发现,在高产年份(即降水相对充分年份)作物对土壤水分的利用较充分,而在低产年份(即相对干旱年份)作物对土壤水分的利用并不充分。任小龙等(2008a)的研究也发现,沟垄微集水种植全生育期 230 mm 及 340 mm 雨量下可显著提高农田水分利用效率,但当雨量增加至 440 mm 时,农田水分利用效率却逐渐趋于下降。

第四节 沟垄二元覆盖技术研究综述

一、沟垄二元覆盖技术的提出

旱作区农业生产主要依靠天然降水,年降水的60%以上主要集中在7~9月,10 mm无效降水的发生频率占降雨次数的70%以上,有限的降水却不能有效地转化,大多以径流和蒸发损失。沟垄集雨技术(多为垄上覆盖沟内不覆盖)的蓄水功效一方面通过垄上覆膜抑制垄下土壤水分蒸发,从而减少农田总蒸发面积,但另一方面,雨量叠加使沟内可蒸发的水量激增,致使农田局部蒸发强度加大,因而垄上覆盖沟内不覆盖在利用自然降水、提高作物水分利用率方面受到一定的限制(任小龙等,2008a)。因此,采用沟垄二元覆盖技术可抑制土壤水分蒸发,对进一步提高降水利用率具有重要意义。

二、沟垄二元覆盖技术的研究现状

沟垄二元覆盖技术即将垄上覆盖集雨与沟内覆盖保水相结合,垄上和沟内覆盖不同材料。该技术集垄沟种植、垄面覆膜抑蒸集雨、宽窄行种植技术于一体,使降雨在农田内就地实现空间再分配,将有限的降水尽量保留和集中到沟内种植区,增加土壤含水率,具有增温、保墒和集雨的作用,从而达到提高降雨资源利用率和作物产量的目的(任小龙等,2008a)。在垄上覆膜的基础上,沟内覆盖秸秆或地膜,可进一步减少土壤蒸发,将无效的棵间蒸发转化为有效的植株蒸腾,提高水分利用效率(李荣等,2012;刘艳红等,2010)。目前,沟垄二元覆盖技术在完全依靠降雨的西北半干旱地区、半湿润易旱地区应用较广,研究涉及的作物涵盖了小麦、玉米、谷子、向日葵、豌豆、糜子、苜蓿和马铃薯等(丁瑞霞,2006;霍海丽等,2013;李儒等,2011;李尚中等,2014;妥德宝等,2011)。

沟垄二元覆盖技术主要针对作物生产上单纯地膜覆盖消耗地力过重、单纯秸秆覆盖又导致地温下降的问题,通过在田间修筑沟垄、垄面覆盖和种植沟内覆盖相结合的沟垄集雨种植技术(韩娟等,2014)。该技术能有效改善作物水分供应状况,促进作物生长,提高产量和水分利用效率,已成为提高北方旱作区作物生产力的重要措施之一(霍海丽等,2013;李尚中等,2014)。沟垄集雨种植技术利用田间人工产流,形成降水叠加,可改善作物水分环境,提高水分利用效率。丁瑞霞(2006)在宁南旱区研究垄膜条件下土壤水分调控及作物生理生态效应时发现,对玉米、向日葵等高秆作物采用沟垄微集水种植技术,可改善沟内土壤水分状况,但棵间蒸发占作物耗水量的比重加大,尤其在降雨之后,因此应根据当地实际情况,把沟垄集水种植技术和覆盖措施结合起来进行深入系统研究。在已有研究的基础上,西北农林科技大学韩思明教授提出了全程微型聚水沟垄二元覆盖技术的概念(张德奇等,2005),主要应用于中国北方一些典型旱作区。沟垄二元覆盖技术是将沟垄集雨栽培措施和地膜/秸秆覆盖措施相组合的一项新技术,起垄覆膜聚集降雨,沟内覆盖蓄水保墒、减少土壤蒸发,作物种植在膜侧沟内(李荣等,2012),这不仅能最大限度地利用自然降水,而且能培肥地力、缓减伏旱高温胁迫,也可根据作物类型来调整沟垄比,是一项在旱作区适应性较广的综合性增产技术(尹国丽,2006)。

沟垄二元覆盖技术因种植模式、覆盖措施、技术组合方式等不同,其表现类型亦不同。刘正辉(2001)在研究沟垄集雨覆盖技术时,根据不同覆盖方式将沟垄集水技术分为一元覆盖(如"膜盖垄、不盖沟"及"膜盖垄、半盖沟")和二元覆盖(如"膜盖垄,秸秆盖沟"),又可根据沟垄覆盖材料不同进一步划分为3种:垄作为集雨区覆盖地膜,而沟作为种植区覆盖不同材料(李荣等,2012);垄作为种植区覆盖不同材料,沟作为集雨区覆盖不同材料(李儒等,2011);沟垄全膜覆盖即垄和沟均覆盖塑料地膜(方彦杰,2010)。沟垄二元覆盖的沟垄比设计和覆盖模式在北方旱作区不同气候条件和作物栽培下的雨水收集和利用效率不同,进而影响土壤微环境,使作物产量和水分利用效率存在一定的差异(表1-1)。沟垄二元覆盖技术的沟垄比设计可依据作物类型、当地气候条件、耕作习惯和生产实践等因素(主要包括垄沟尺寸比例、覆盖物类型、覆盖持续时长等)。前人对旱作区沟垄二元覆盖模式下秸秆与地膜覆盖比例及覆盖度等方面都有研究。肖继兵等(2014)在辽西半干旱区将垄上覆膜沟内覆盖秸秆种植模式的垄沟比设为40 cm∶80 cm,地膜宽度及厚度参数为:60 cm宽,8 μm厚,玉米秸秆覆盖量为6 000 kg/hm²。李儒等(2011)在渭北旱塬区研究不同沟垄覆盖方式对冬小麦生长发育及土壤环境的影响时,设垄覆地膜+沟覆秸秆模式的垄沟比为60 cm∶60 cm,地膜宽度及厚度参数为:80 cm宽,8 μm厚,小麦秸秆覆盖量为 6 000 kg/hm²；而李荣等（2012）在该区研究玉米沟垄全覆盖时，将垄覆地膜+沟覆秸秆模式垄沟比设为 60 cm∶60 cm，地膜宽度及厚度参数为：80 cm 宽，8 μm 厚，玉米秸秆被切成 15 cm 长，以 9 000 kg/hm² 的覆盖量均匀覆于沟内。买自珍等（2007）在宁南旱区旱地玉米采用垄面覆膜、沟覆不同量麦草进行研究，试验采用沟垄二元覆盖（垄面覆膜+垄沟覆草）模式，麦草覆盖量设 9 750 kg/hm²、7 500 kg/hm²、5 250 kg/hm²、3 000 kg/hm² 和未覆盖麦草处理。垄沟比 45 cm∶45 cm，地膜宽度及厚度参数为：60 cm 宽，8 μm 厚，播后整平垄沟内覆草。可见，不同地区、不同作物其地膜覆盖宽度及秸秆覆盖量有所不同，其选择依据主要为当地降水量和种植的作物类型，而对地膜厚度的研究却鲜见报道。

表 1-1　不同沟垄二元覆盖模式下垄沟及覆盖设计

旱作区	作物类型	年均降水量/mm	垄沟比/cm	垄高/cm	种植方式	沟覆盖物	垄覆盖物
半干旱偏旱区	马铃薯	300	40:10	10	一垄双沟	地膜	地膜
	春玉米	263	60:60	40	沟内膜侧	地膜、砾石、秸秆	地膜
	紫花苜蓿	260	60:30 60:45 60:60 60:75	20	一垄四沟	小麦秸秆	地膜
半干旱区	沙棘	379.4	40:60 40:40	15	沟播一行	砾石	地膜
	春玉米	402.2	60:40	15	沟内膜侧	玉米秸秆	地膜
		300~500	40:80	15	沟内膜侧	地膜、玉米秸秆	地膜
半湿润偏旱区	冬小麦	550	50:50	15	沟内三行	液膜、玉米秸秆	地膜、液膜
	春玉米	550	60:40	15	沟内膜侧	地膜、降解膜、秸秆	地膜
	烟草	606	40:10	15	一垄双沟	小麦秸秆	地膜

三、沟垄二元覆盖技术的配套农机具

沟垄集雨栽培种植是旱作农业的重要技术，随着该技术的大面积推广和应用，与之相配套的农机具也得到相应的发展和完善。2009 年张欣悦等

（2009）研制的联合整地机可一次完成灭茬、旋耕、深松、起垄、镇压等多项作业，主要与大中型拖拉机配套的复式作业机械大大提高了作业效率，如1GSZ-350型灭茬旋耕联合整地机；针对沟垄二元覆盖种植的农艺要求，2012年史增录等（2012）研制出可完成起垄、施肥、喷药、覆膜等联合作业的一种起垄施肥铺膜机。沟垄二元覆盖技术为有效保蓄休闲期降雨，可在作物播种前进行覆膜（如秋覆膜、春覆膜等），但也使该技术集整地、起垄、施肥、覆膜、播种等全程配套机械的使用受到限制。由于地膜的大量使用，地膜残留问题日益严重，近年来一些残膜回收机的出现缓解了土壤污染问题。国内目前拥有气吸式、滚筒弹齿式、偏心伸缩杆弹齿式等种类残膜回收机，均是针对作物收获后农田地膜残留问题而设计的，但也存在结构复杂、造价高、拾净率低等问题（王松林等，2014）。可见，一系列垄沟集雨技术的配套农机设备在近年来得以发展和应用，但对地域条件、作物种类等要求高，而农机全程机械化程度低及栽培技术中综合管理的协调控制等问题仍需进一步研究。

四、北方旱作区典型沟垄二元覆盖技术模式

旱作农业区范围由半干旱地区扩大到半湿润偏旱区，半湿润偏旱地区是中国的主要农业生产区之一，由于受季风气候影响，夏季多雨湿润，而冬春明显干旱，年降水量虽可达600 mm，但多集中于6~8月，其他季节则降水量很小，而蒸发量较大。对该区农业生产来讲，也必须采用沟垄二元覆盖措施以更有效地保蓄降水，提高降水利用效率，才能获得高产与收益，因此，中国北方旱作区的划分，以80%保证率的年降水量为主要依据。小于200 mm地区为干旱区，200~300 mm地区为半干旱偏旱区，300~500 mm的地区为半干旱区，500~600 mm地区为半湿润易旱区，600~750 mm地区为半湿润区。在5个类型区中，干旱区降水量过少而不能实行旱作农业，半湿润区降水较多而无需实行旱作农业，因此，中国北方旱作区包括半干旱偏旱区、半干旱区和半湿润易旱区。根据旱作区地域及气候特征，采用沟垄二元覆盖技术辅以配套农机具，是中国北方旱作区今后作物、牧草及树木栽培种植的发展趋势，也是持续和效益农业的最佳选择。笔者通过前人相关研究发现，北方不同旱作区沟垄二元覆盖种植模式均为垄上覆盖地膜，但沟内覆盖不同材料；不同区域、不同作物其沟垄二元覆盖模式下沟垄比不同，其在农业生产中的应用效果也存在

明显差异。根据旱作区气候特征及所存在的问题,现将前人研究北方不同典型旱作区沟垄二元覆盖模式的类型及应用效果归纳如下。

(一)半干旱偏旱区沟垄二元覆盖技术模式

阴山北部丘陵半干旱偏旱区年降水量 300 mm 左右,近年来气温逐渐升高,降水量逐年减少,造成农作物明显减产,甚至绝收。因此,对有限降水的高效利用尤为重要。妥德宝等(2011)研究了地膜垄沟集雨对土壤耕层水分含量的影响,采用的技术模式为垄沟全覆膜。覆膜 24 h 后采用喷雾器分别进行人工降雨 3.14 mm、6.28 mm、9.42 mm、12.56 mm、15.70 mm,垄面坡度为 45°。结果表明覆膜结合人工降雨各处理土壤贮水量显著高于单纯覆膜处理。

陇中黄土高原西北部半干旱偏旱区年降水量 260~280 mm,年 70% 的降水主要分布在 6~9 月,70%~80% 的雨水以径流形式流失掉,仅有 20%~30% 的雨水被作物利用。为提高降水利用效率,李小雁和张瑞玲(2005)通过垄上覆膜沟内覆盖秸秆、砾石或地膜等材料,研究了沟垄微型集雨结合覆盖对玉米水分利用及产量的影响,采用技术模式:垄覆膜沟覆砾石(粒径 4~11 cm)、垄覆膜沟覆粗砂(粒径 0.74 cm)、垄覆膜沟覆细绵砂(粒径 0.5 cm)、垄覆膜沟覆秸秆(小麦)、垄覆膜沟覆膜等技术模式。塑料薄膜厚 8 μm,沟垄宽均为 60 cm,垄高 40 cm,坡度 40°,垄侧种植玉米,株距为 25 cm。研究表明,垄上覆膜结合沟覆盖处理的玉米产量比平地不覆盖处理增加 44%~143%。

陇东半干旱偏旱区年降水量 260 mm 左右,生态系统极度脆弱,干旱和水土流失最为突出,生态环境恶化,农业生产力低下,区域经济发展水平仍十分落后,如何改善生态环境,提高土地生产力及当年的降水利用效率等问题尤为重要。尹国丽(2006)研究了不同覆盖方式、不同覆盖材料与不同沟垄比对紫花苜蓿产量、品质及土壤质量等的影响。采用的技术模式为垄覆地膜沟覆秸秆结合 4 种沟垄比 (60 cm∶30 cm、60 cm∶45 cm、60 cm∶60 cm、60 cm∶75 cm),地膜厚度 0.08 mm,小麦秸秆覆盖量 6 600~6 750 kg/hm²,垄高 20 cm,顶部成弧形,坡度 45°。研究表明,沟垄比为 60 cm∶60 cm 和 60 cm∶75 cm 处理增加土壤养分含量,改善了紫花苜蓿田间生态环境和水分利用率,提高了苜蓿产量。

半干旱偏旱区农业生产主要依赖 250~300 mm 的天然降水,干旱缺水一直是制约该区旱农生产和生态环境改善的首要因子。集雨技术可增加单位空间内作物灌水量及灌溉次数,地膜垄沟集雨技术既可增温保墒,显著提高土壤水分利用效率,还可增加集雨面,充分收集自然降水,增加植株微环境内土壤水分含量。该区研究工作重点在于集雨垄沟比的确立,这是集雨系统构建的难点,垄沟比的确立首先需保证单位土地面积经济效益的最大化,综合考虑集雨面的效率。作物、降水量、降水时差等可能会对垄沟比的设定产生一定的影响,其间也可能产生互作,所以作物高产种植模式的确立需要进一步研究。

(二)半干旱区沟垄二元覆盖技术模式

高寒半干旱区年降水量 380 mm 左右,温度低、降水少、风速大、蒸发强,沟垄集雨结合砾石覆盖措施有利于该区生态环境的保护与恢复。马育军等(2010)在青海湖流域沙柳河下游地区研究了沟垄集雨结合砾石覆盖对沙棘生长的影响。采用技术模式:垄覆地膜沟覆砾石(沟垄比 40 cm：40 cm)和垄覆地膜沟覆砾石(沟垄比 40 cm：60 cm),采用拱形面,坡度均为 40°,砾石覆盖厚度为 15 cm。结果表明沟垄集雨结合砾石覆盖可促进沙棘的成活和生长。

宁南黄土丘陵区年降水量 400 mm 左右,干旱频发、春旱突出,春播作物播期土壤墒情不足、苗期干旱等问题严重影响作物的播种、出苗及生长发育。李华等(2011)进行了微集水技术模式在玉米生产上的应用研究。采用的技术模式为垄上覆膜沟覆秸秆,垄沟比 60 cm：40 cm。研究表明垄上覆膜及沟内覆秸秆处理在保持地膜增温、保墒的基础上,能提高天然降水的利用率,较半覆膜处理增产 3%~10%。

辽西半干旱区年降水量 300~500 mm,是典型的雨养农业区,降水主要集中在夏季,春季降雨偏少,对春播保苗和幼苗生长极为不利,是限制本区农业生产的主要因素。肖继兵等(2014)研究了垄膜沟种模式对土壤水分、玉米产量和农田水分利用效率的影响。采用的技术模式为垄覆地膜沟覆秸秆和垄覆地膜沟覆地膜,垄沟种植玉米,一沟两行,行距 50 cm,沟宽 80 cm,垄宽 40 cm,垄高 15 cm。结果表明,垄上覆膜集雨保墒的同时,沟覆秸秆或地膜可有效抑制棵间蒸发,提高降雨利用率和水分利用效率。

半干旱区存在年降水量少,季节分布不均,特别是作物苗期干旱等问题,从改善旱地作物生长环境及提高降水的高效利用出发,农田垄膜沟种微集雨结合覆盖技术模式能有效地利用垄膜的集雨、抑蒸和沟覆盖的保墒功能,使无效或微效降雨充分有效化,改变降雨的空间分布,使有限降雨集中在沟内种植区,强化降雨入渗深度,从而起到蓄墒保墒的效果。垄上覆膜集雨保墒的同时,沟内覆盖秸秆或地膜可有效抑制裸间蒸发,使"集、蓄、保、用"各技术环节紧密结合起来,最大限度满足植株对水分的需求,提高了降雨资源利用率和水分利用效率。将该项技术广泛应用于半干旱区,可有效提高作物产量,促进该区旱作农业健康、可持续发展,同时对旱作集水农业的发展有重要的借鉴和指导意义。

(三)半湿润易旱区沟垄二元覆盖技术模式

渭北旱塬区属暖温带半湿润易旱区,该区年降水量 550 mm,季节性降水不足且与作物的需水规律不吻合,严重限制了该区的农业生产。如何提高自然降水的保蓄和利用效率,解决水分供需矛盾是促进渭北旱塬区农业生产的技术关键。刘艳红等(2010)研究了沟垄不同覆盖方式下的土壤水分变化及对冬小麦产量的影响。采用技术模式:垄覆地膜+沟覆小麦秸秆、垄覆地膜+沟覆液膜,播前起垄(垄宽 50 cm,沟宽 50 cm,垄高 15 cm),垄上覆膜,膜侧沟播。研究表明,垄覆地膜沟覆秸秆、垄覆液膜沟覆秸秆可以起到抑蒸保墒的作用,提高小麦产量和水分利用效率。李荣等(2012)研究了沟垄二元覆盖模式对春玉米土壤温度、水分及产量的影响。采用技术模式:垄覆地膜沟覆地膜、垄覆地膜沟覆生物降解膜、垄覆地膜沟覆玉米秸秆、垄覆地膜沟覆液膜,播前起垄(垄宽 60 cm,沟宽 60 cm,垄高 15 cm),垄上覆膜,膜侧沟播。结果表明,垄覆地膜沟覆秸秆和垄覆普通地膜沟覆生物降解膜处理在改善土壤水、温效应的同时可显著增产增收。

豫西黄土丘陵区年降水量 600 mm 左右,冬春少雨,夏季降水变率大,干旱频发,易遭受春旱和伏旱,灌溉条件较差,灌溉成本高。水分是限制该区烤烟稳定发展的因素之一, 推广沟垄二元覆盖技术具有重要意义。王丽萍(2005)研究了不同集水覆盖栽培措施对土壤水温、养分时空变化及烤烟产量和品质的影响。采用技术模式:低起垄垄上栽烟覆盖地膜,低起垄垄下栽烟覆盖秸秆,低起垄垄下栽烟,垄上盖膜,烟行覆盖秸秆。常规垄高为 25 cm,垄宽 80 cm,低起垄垄高 15 cm,垄宽 40 cm,垄面均呈拱形。小麦秸秆覆盖厚度为 5 cm,所用地膜宽 70 cm,全垄覆盖。结果表明,单一秸秆和秸秆地膜共同覆盖可显著提高表层土壤的含水量,在烤烟生长前中期,其深层土壤含水量低于起垄不覆盖处理,秸秆地膜共同覆盖处理的产量和水分利用效率高于单一秸秆覆盖处理。

半湿润易旱区年均降水量 500~600 mm,降水年际变化大且季节分配不均是该区降水的最大特点,夏季 7~9 月降水集中、时间短且强度大,难以充分利用,12 月至翌年 5 月无效或微效降水次数多且降水量最少, 年际间连旱频发。降水的分布与作物需水关键期不吻合,严重限制了该区农作物的生长。通过垄上覆膜作为集水面改变降雨的空间分布,不仅可以收集暴雨,还可以收集无效和微效降雨,沟内接纳垄上径流并作为种植区,同时沟内覆盖以抑制土壤水分的无效蒸发,促进降水下渗,改善作物根区的土壤水分供应状况。通过试验研究确定膜垄的集水效率,需结合各地的降水特征及不同作物需水特征确定合适的沟垄宽度比和覆盖措施, 并对沟内不同覆盖措施的保温保墒效应进行系统研究, 研究结果可为旱作区集水农业技术的发展提供新的思路和科学依据。

五、沟垄二元覆盖技术的土壤与作物效应

(一)对土壤水分的影响

沟垄二元覆盖技术可从时空上缓解作物需水与自然降水供需错位矛盾,使降水通过垄面产生的径流向垄下扩渗,促进降水向深层土壤入渗,从而能有效蓄存降雨。在降雨强度小且多为无效降水的干旱半干旱区,沟垄二元覆盖技术通过垄膜集雨与沟覆盖相结合,把小于 5 mm 的无效降水转化为有效水分蓄存于土壤,能显著增加降雨的有效性,集雨效率可达 90%(任小龙等,2010;Li,et al.,2001)。在夏闲期采用地膜秸秆二元覆盖技术,可将冬小麦年50%的降水最大限度地保蓄于土壤,比传统耕作多蓄水 108.4 mm,蓄水率达73.2%(廖允成等,2003)。在冬小麦全生育期实施垄覆地膜沟覆秸秆模式下土壤的蓄水保墒作用最好,能有效改善土壤的水分状况(刘艳红等,2010)。在玉米各生育期,沟垄微型集雨结合沟覆地膜、粗砂、砾石等处理土壤贮水量比沟不覆盖处理显著提高,尤其干旱年份效果更为显著(李小雁和张瑞玲,2005)。

(二)对土壤温度的影响

传统种植方式存在土壤升温和降温快的缺陷,而沟垄二元覆盖技术能够解决旱作区土壤温度变率大等问题。田间起垄覆膜垄沟覆盖后,增加了田面粗糙度,使地表面积增大,可接收更多的有效辐射,使土壤温度升高(杨封科,

2004)。土壤积温的提高补偿了作物生长过程中气积温的不足,从而有利于作物的生长发育。秸秆、稻草及沙石等覆盖材料能调节地表温度,满足作物在不同生育期对温度的要求。因此,垄上覆膜与沟内覆盖相结合的技术模式可实现高温低调、低温高调的双重作用,增强作物对环境的适应性。垄覆地膜的增温效果在一定程度上可弥补沟覆秸秆的低温效应对玉米生长的影响,保证作物高产(李荣等,2012)。有研究表明,垄覆膜结合沟覆盖模式下沟内土壤温度在作物生长期间均低于传统平作,但较好的水分条件有利于玉米出苗及生长(Li,et al.,2001)。

(三)对土壤肥力的影响

沟垄二元覆盖系统下土壤水温状况的改善,促进土壤缓效养分的速效化,有机质的矿质化、腐殖化过程,从而使土壤肥力得到有效改善(Wang,et al.,2005)。将垄沟栽培技术融入地膜、秸秆、稻草等覆盖材料能改善土壤碳氮循环,增加了土壤与大气的交换(吴荣美,2011)。秸秆本身富含大量有机质及营养元素,因而垄覆地膜沟覆秸秆和垄覆液膜沟覆秸秆处理的土壤养分含量相对较高,促进作物地上部的干物质积累,增加地上部养分的携出量,进而实现作物高产(李儒,2011)。垄覆膜沟覆秸秆与常规平作相比,增加了土壤养分含量,尤其是增加了土壤全氮含量,抑制了有机质的下降速度。长期进行垄覆地膜沟内覆草可显著增加磷、钾元素的累积,表现为逐年增加的趋势(李华,2006)。沟垄二元覆盖结合秸秆还田可通过对土壤水温的调控,促进微生物活动,明显改善土壤微生物活性,土壤呼吸也随之增加(张庆忠等,2005),从而影响土壤有效养分的转化和供肥能力。

(四)对作物生长发育的影响

沟垄二元覆盖技术的蓄水保墒作用及增温效应,可缩短作物出苗时间,提高出苗率,但由于沟内覆盖秸秆降低了土壤温度,较传统平作模式延迟了玉米出苗时间(冯良山等,2011a)。沟垄二元覆盖技术的蓄水保墒作用及增温效应能显著改善作物生长微环境,这必然会影响作物的生长发育。相关研究结果表明,垄覆膜沟覆膜和垄覆膜沟覆降解膜模式的水温效应使玉米株高、地上生物量均高于沟不覆盖种植,而垄覆膜沟覆秸秆模式的降温效应促进玉米中后期生长,其相应的生长指标均显著高于沟不覆盖种植(李荣等,2013)。垄覆膜沟覆膜种植由于生育进程提前和高温等原因,出现了作物叶片早衰、叶绿素含量迅速下降的现象,而垄覆膜沟覆秸秆种植则能降低叶绿素含量下降的速度,延缓叶片衰老(冯良山等,2011b)。但也有研究认为,沟垄集雨结合砾石覆盖,在丰水年由于沟内贮存的水分过多,可能会抑制沙棘的生长(马育军等,2010)。

(五)对作物产量与水分利用效率的影响

沟垄二元覆盖技术能显著改善土壤的水、温、肥状况,促进作物的生长发育,从而提高作物的产量和水分利用效率。沟垄集雨结合覆盖技术可抑制棵间蒸发进而促进蒸腾,使作物产量和水分利用效率显著增加(李小雁,2000)。垄作和秸秆覆盖能改善旱作区农田土壤水分状况,减少行间土面无效蒸发量,夏玉米水分利用效率有较大提高,增产效果明显(王同朝等,2003)。刘艳红等(2010)和李儒等(2011)的研究认为,垄覆地膜沟覆秸秆能显著提高小麦产量和水分利用效率,较沟垄均不覆盖增产35.9%,水分利用效率提高28.7%。这是由于垄上覆膜在集雨保墒的同时,沟内覆盖秸秆或地膜可有效抑制棵间蒸发,提高了降雨资源利用率和水分利用效率,增产效果显著(肖继兵等,2014;李荣等,2013;李华等,2011)。

第五节　覆盖技术研究综述

在中国北方干旱地区,缺水是制约农业生产的关键性问题,水分不足成为限制农作物产量提高的主要因素之一,由于年降水资源分布不均,致使作物生长期需水与自然降水供给错位,加之早春土壤温度较低,使春播作物不能正常出苗,生育期推迟(王晓娟等,2012)。农田覆盖具有改善土壤结构、蓄水保墒、调节土温、抑制杂草和提高产量等作用,是解决以上问题的一项重要技术措施,在旱农区的推广应用面积不断扩大(Vial,et al.,2015;杨封科等,2014)。可用于农田覆盖的材料很多,包括农业废弃物(作物秸秆、家畜粪便及砂石、卵石等)、塑料地膜、可降解地膜等,还有些覆盖材料(如树叶、油纸、瓦片、泥盆、铝箔、纸浆等)在一些地区或特殊作物的栽培中发挥着重要作用(卜玉山,2004)。地膜因具有较好的保墒、增温作用,增产效果显著,且其成本较低,简单易用(夏芳琴等,2014)。自1979年我国引入地膜覆盖栽培技术以来得到迅猛发展,现已成为继种子、化肥、农药之后又一重要的农资材料(刘敏等,2008)。据测算,未来十年我国地膜覆盖种植面积将以 8%~10%的速度增加,农作物覆盖面积将增加 1 倍,达 0.33 亿 hm² 左右(严昌荣等,2014)。因此,地膜覆盖在我国掀起了一场农业上的"白色革命"。然而,随着地膜覆盖栽培技术的大面积推广应用,"白色革命"已变成"白色灾害",其对土壤环境和作物生长的负效应日趋严重,大量残膜积聚在土壤中,造成耕层土壤透气性差,阻碍作物根系的发育和对水肥的吸收,致使作物减产(严昌荣等,2006)。目前大多数地膜为聚乙烯地膜,其稳定性高,降解过程较慢,残膜碎片留在土壤中约 100 年以上不能被降解(赵燕等,2010)。据农业部调查,在大量使用塑料地膜地区, 留在土壤中的残膜量达 90~135 kg/hm², 重污染区域可达 270 kg/hm²,造成严重的土壤污染。农业覆盖技术深受世界各国重视,覆盖材料和技术的迅速发展,其应用面积不断扩大,对旱地农业持续发展发挥着重大作用。

一、国内外覆盖技术的发展

我国拥有悠久的农耕历史,早在 6 世纪中期,《齐民要术》卷三的《种胡荽》篇中就有"取子者,仍留根,间拔令稀,以草覆上。""作菹者,十月足霜乃收之。"的记载(中国地膜覆盖栽培研究会,1988)。公元 16 世纪中期(清朝顺治年间)就用"沙田种植法"来栽培一些粮食和经济作物(邓振镛,1966)。17 世纪以后,在欧美国家的农田覆盖才见于文献。19 世纪末,出现于西班牙海滩才开始应用沙田(Jacks,et al.,1955;王宝善,1966)。到 20 世纪,国外陆续出现用铝箔、油纸和塑料薄膜等来覆盖土壤表面(Laverde,2003)。1914 年,在夏威夷群岛,农民用纸浆来覆盖甘蔗田,抑制杂草,降低地温,效果显著。至 1928 年,该岛 90%以上的菠萝地,均用纸浆覆盖,但由于纸浆覆盖有臭味,不耐久,用后不易清除,且成本昂贵,这种方法并未能推广到别的地方(Counter and Oebker,1965)。我国的传统覆盖农业在已有几千年的历史,但是传统覆盖材料的性质和来源有局限性,难以大面积推广应用。

"二战"后,欧美国家用秸秆和作物残茬进行覆盖,同时结合少耕免耕,在一定程度上可减少蒸发,起到保墒作用,达到增产效果。美国所谓的"少耕免耕法",对抵御农田风蚀、水蚀,保护耕作层土壤,增产增收,都有明显的效果,推广面积曾达到了 1 533.3 万 hm²(John,et al.,2002)。我国的大部分地区也推广应用了秸秆覆盖技术。据资料显示,1988 年秸秆覆盖面积超过了 6.7 万 hm²,由于秸秆覆盖可改良土壤,对环境无污染,且来源丰富,到 2000 年已达 200 万 hm²(黄占斌和山仑,2000)。

随着工业的发展,工业上的产品也不断应用于农业。1955 年,塑料薄膜覆盖在日本(1955)被首次用于农田,到 1977 年,作物覆盖面积已达 20 hm²,占日本旱作栽培面积的 1/6(Weber,2000)。20 世纪 60 年代初,法国开始用薄膜来覆盖瓜类作物;美国和意大利用塑料地膜覆盖棉花。我国于 1978 年引入地膜覆盖技术,之后迅速发展,先后在粮食和经济作物上推广应用,尤其在小麦作物上取得了较大的成效。据资料显示,我国已成为世界上地膜覆盖面积最大的国家,栽培面积已达 666.7 万 hm²,栽培的作物有 60 多种,栽培理论和技术也有了重大的创新和突破(沈振荣,1998;陕西省农业厅,1999)。在我国干旱半干旱地区,地膜覆盖已成为一项重要的农业增产技术且得到广泛应用,现从植物生理生态、耕层土壤效应、水肥利用、生态效应和蓄水保土等方面揭示了地膜覆盖生产的应用规律,进而形成了比较完善的地膜栽培制度。该技术的应用,是适当改造和弥补自然资源环境的行之有效的手段。但是,随着聚乙烯地膜使用年限的加长,土壤中的地膜残片给土壤及生活环境带来了严重的白色污染,现已成为全球性的一大难题(黄占斌和山仑,2000)。

针对塑料地膜造成的严重的土壤"白色污染"问题,各国先后开始研究能替代地膜的覆盖材料。1973 年,英国科学家 Griffin 最早提出了生物降解塑料的概念(邱威扬等,2002),生物降解地膜在自然条件下可被土壤微生物分解。研究初期,主要通过在塑料中添加淀粉等有生物降解性能的天然聚合物,来得到所谓的生物降解地膜。我国于 20 世纪 80 年代开始对淀粉塑料进行研究,江西科学院应用化学研究所第一个完成淀粉塑料研究(邱威扬等,2002)。美国、日本和西欧等国家目前也对生物降解膜的研究和开发给予了很大的关注,早在 1989 年,日本已成立了"生物降解性塑料研究会"(许香春和王朝云,2006),欧盟也投巨资进行跨国联合研究和开发(山下岩男,1992)。目前,按降解方式可划分为光降解、生物降解、光/生物降解塑料及非完全降解塑料。

20 世纪 60 年代以后,除塑料地膜和秸秆覆盖外,开始用化学物质制成的乳状液喷洒到土壤表面使其成膜,成为人们竞相研究的热点。它具有一般地膜的功效,同时可作为土壤改良剂改善土壤团粒结构,具有成本低廉和使用方便的特点。在日本用一种高碳烷基醚型乳状液(由天然脂肪酸制成的)来抑制水分蒸发,同时达到提高稻田温度的作用,这为日本水稻种植的发展做出了贡献(大增二郎,1959);美国、澳大利亚、比利时等国也用沥青制剂来覆盖农田(Kim,et al.,2001)。20世纪50年代以后我国开始研究乳化沥青在农业上的应用(陈保莲等,2001)。20世纪70年代,中国科学院地理研究所制成农用乳化沥青,可提高土壤温度,在林木、花卉、果树、蔬菜、甘薯、水稻、棉花、玉米等作物育苗和栽培中示范与推广,收到了很好的效果(中国科学院地理研究所,1976)。在此之后,为了减少覆盖造成的土壤环境的恶化,国内多家单位开始对乳化沥青等化学覆盖剂进行研究开发,如"液体地膜"或"液态地膜"等(陈保莲,2001)。

二、地膜覆盖对土壤生态环境的影响

(一)地膜覆盖的保水保墒效应

地膜覆盖在土壤表面形成一层不透气的阻隔,可阻止土壤水分垂直蒸发,迫使水分放射性蒸发(向开孔处移动)或横向运移(向无覆盖处移动),土壤水分蒸发速度减缓,总蒸发量下降。覆膜后地膜与地表之间形成2~5 mm厚的空间,切断了土壤水分与近地表空气中水分的交换,使地表蒸发的水汽被封闭在有限的小空间中,从而增加了膜下相对湿度,构成了从膜下到地表间的水分循环,改变了无膜覆盖时开放式的土壤水分运移方式,有效抑制了水分蒸发,保证土壤耕层有较高的水分含量(黄明镜等,1999;宋凤斌,1991)。陈素英和张喜英(2002)的研究表明,玉米生育期进行覆盖抑蒸率可达56.5%,土壤耕层水分含量增加1%~4%,减少蒸发达100 mm以上(汪德水 1995)。梁亚超等(1990)发现,地膜覆盖具有明显的水分表聚现象,对作物(特别是浅根性作物)的供水及抗旱保苗有重要意义,玉米苗期和拔节期0~10 cm层土壤水分分别比对照增加44.9%和26.4%,且下层水分增幅小于上层。胡芬和陈尚模(2000)的研究结果表明,地膜覆盖使0~150 cm土层水分增加10.3~45.0 mm,水分利用效率提高20.2%。

（二）地膜覆盖对土壤温度的影响

地膜覆盖可显著增加耕层土壤温度（Mashingsidze，1996；Ravi and Lour-duraj，1996；高世铭等，1987；贺菊美和王一鸣，1990）。赵久然（1990）测定表明，5 cm层玉米整个生育期的平均土壤温度比裸地高1.5~2.5℃，>10℃的积温增加200~300℃，在阴雨低温情况下仍能增温，且随土层加深增温效果减弱。张万文等（2000）和李建奇（2006）的研究还表明，玉米生长前期覆膜不论晴、阴、雨天均具有增温蓄热效果，改善土壤耕层的温度条件，满足玉米前期中期生长发育所需的活动积温，使覆膜玉米生长状况明显优于露地，地膜覆盖的增温效果为晴天>多云>阴天>雨天，不同土层的增温效果为：5 cm处0.1~8.4℃、10 cm处1.3~5.8℃、15 cm处1.1~4.1℃、20 cm处1.2~2.8℃。

（三）地膜覆盖的土壤养分效应

地膜覆盖可影响土壤水热状况和微生物活性，同时对养分的有效性产生一定的影响。连年覆膜栽培有利于土壤有机氮的矿化，但不利于土壤活性有机氮库的维持（宋凤斌，1991；Mohapatra，et al.，1998）。地膜覆盖对磷的有效性也有一定的影响，汪景宽等（1994）研究了长期覆膜对土壤磷素状况的影响后发现，长期覆膜会加快土壤中磷的消耗。宋秋华等（2002）对春小麦地膜覆盖试验的结果表明，地膜覆盖下土壤微生物数量增加，加速了土壤有机质的矿化，不覆盖下土壤有机质下降6.7%，覆盖30 d下降4.3%，覆盖60 d下降17.2%，至收获期土壤有机质下降21.2%。李世清等（2001）研究指出，全程覆膜会加速作物生长后期土壤有机质的矿化而导致肥力降低。长期覆膜不利于农业生产的持续发展。

（四）地膜覆盖对作物生长和产量的影响

土壤覆盖能改善农田生态环境，协调土壤中的水、肥、气、热，从而减轻自然灾害，促进作物生长发育，达到作物高产、优质的目的（王耀林，1998；赵聚宝和李克煌，1995）。地膜覆盖使作物出苗提前，生育进程加快。地膜覆盖春小麦出苗提前7~9 d（Li，et al.，1999；高世铭等，1987），生长期可提早10~20 d，地膜覆盖谷子提前1 d出苗，提前3~4 d抽穗，提前1~2 d成熟（赵荣华等，1998）。贺菊美和王一鸣（1990）的结果表明，地膜覆盖春玉米的出苗期和三叶期均提前了4 d，苗期的可见叶片数、植株株高、单株干物重和叶面积指数分别较不覆盖增加1.5片、12.3 cm、54.3%和53.6%。地膜覆盖具有保温和增温效果,在播种期和苗期可保持土壤水分、控制土壤蒸发,为作物生长创造良好的土壤水温度环境,增产作用显著(夏自强等,1997)。李建奇(2006)的研究也表明,地膜覆盖比露地栽培能提高玉米单产,产量提高 1 267.4~3 706.1 kg/hm²,增产幅度在 15.2%~46.9% 之间。据张万文等(2000)对玉米产量构成三要素的分析来看,覆膜处理下玉米的有效穗数比露地玉米增多了 90%,穗粒数增多了 163 粒,百粒重增加了 3.7 g,产量提高了 2 940 kg/hm²,增产率达 48%。

三、农业环保型材料覆盖技术的研究现状

农业环保型材料亦称环境友好型材料,是指在使用周期内,具有较好的使用性能和环境协调性,同时能够改善生态环境的材料。农业环保型材料对减少塑料地膜用量、保护生态环境起着重要的作用,也是实现农业可持续发展的有效途径(李爱菊和陈红雨,2010)。研究表明,在促进作物生长、增产增效等方面,采用环境友好型材料进行覆盖的功效与普通地膜相当(沈丽霞等,2011;强小嫚等,2010)。因此,研发农业环保型材料覆盖技术备受关注。目前应用于农业生产的覆盖材料主要包括有机物材料和可降解材料两大类。有机物材料中作物秸秆作为传统覆盖材料,可蓄水保墒、抑制土壤水分蒸发,同时低温时"增温效应"和高温时"降温效应"对作物生长尤为有利,且来源广、成本较低、环保无污染,在覆盖材料中占有重要地位(蔡太义等,2010)。可降解材料其增产效果与塑料地膜相似,能替代普通地膜在农业生产上的应用,有效解决"白色污染"问题,具有极大的应用前景(胡伟等,2015)。

(一)秸秆覆盖技术

有机物覆盖材料主要包括秸秆、稻草、树皮等,而被广泛应用于农业生产的大多为秸秆。我国的秸秆资源相当丰富,可作为改土培肥的材料施入土壤。秸秆覆盖即利用农作物秸秆作为覆盖材料进行田间覆盖,因具有良好的保墒效果,且经济环保,再次成为现代农业的研究热点之一(王玉娟等,2012)。20世纪初,欧美一些国家采用农作物秸秆和残茬进行覆盖,增产效果明显,且具有可培肥土壤、不污染环境等特点,使其成为美、澳两国农业生产的主体种植模式(员学锋,2006)。20 世纪 70 年代中国开始进行秸秆覆盖技术的研究,并结合免耕技术在北方旱区开始实行残茬覆盖减耕免耕、秸秆覆盖减耕、草肥覆盖耕作、免耕整秸秆半覆盖等技术,南方地区实行覆盖少耕、覆盖免耕、多

熟作物覆盖少耕等技术(王玉娟等,2012)。近年来,在半湿润易旱区、半干旱和干旱区通过少免耕与秸秆覆盖技术相结合来推广实施,人们对秸秆覆盖技术有了更深的认识:秸秆覆盖在保护生态环境,培肥地力,提高资源利用率和作物增产、农民增收等方面发挥着重要作用(蔡太义,2011;李玉鹏,2010)。

秸秆覆盖可使土壤理化性质及生物学特性发生变化,但由于覆盖方式、覆盖量的不同,以及供试土壤不同,其试验结果各异。秸秆覆盖可显著改善土壤物理性状,且随覆盖年限和覆盖量的不同,改善效果也存在较大差异。秸秆覆盖在地表形成隔离层能有效拦截和吸收太阳辐射,阻碍土壤与大气间的水热交换,调节土壤温度,有效地减缓地温剧变对作物的伤害(李荣等,2012)。秸秆覆盖下的降温效应随秸秆覆盖量的增加而增强,但对"秸秆覆盖低温时,能提高土壤温度"的观点说法不一,这可能与覆盖物影响热传导有关(蔡太义等,2011)。秸秆覆盖能降低水分蒸发强度,起到较好的抑蒸保墒效果,且随秸秆覆盖量的增加而提高,但也会因覆盖方式、覆盖时间、覆盖量的不同,对土壤水分季节性变化产生差异,表现为前期变化较大,后期逐渐变小(蔡太义等,2013)。作物秸秆因富含大量营养元素,也是补充土壤养分的重要来源,能促进固氮作物的共生固氮,明显提高土壤速效钾的含量(王玉娟等,2010)。秸秆覆盖可改变土壤中的 C/N 比,使土壤生物学活性增强(Rifai, et al., 2010)。

秸秆覆盖因其调温效应,对作物出苗及幼苗生长产生抑制,推迟作物的出苗期,但可延缓根系衰老,延长作物生育期(李荣等,2013)。秸秆覆盖对土壤理化性质均产生不同程度的影响,这决定作物生长发育状况,势必导致作物的产量也存在一定的差异。适宜的秸秆覆盖量能有效增加作物产量,但覆盖量过低或过高,产量均受到影响。如张有富(2007)研究表明,不同覆盖量对作物产量的影响不同,在陕西长武,覆盖量为 6 000 kg/hm² 处理的作物产量均高于覆盖量为 9 000 kg/hm² 和 3 000 kg/hm²,较不覆盖增产率达到 29.6%;陈素英等(2002)也发现,少覆盖增产,多覆盖减产。可见,秸秆覆盖对产量的影响有增产也有减产,这可能与试验当地气候条件、覆盖量、覆盖方式等均有一定关系。

(二)可降解材料覆盖技术

1973 年,英国科学家 Griffin 最早提出了降解塑料的概念,这种材料不但不破坏生态环境,且能自动降解为对土壤环境无污染的小分子物质,进而参与生物代谢循环而被同化吸收(温善菊等,2012)。美国、日本和西欧等国家也对生物降解膜的研发给予极大关注,我国于 20 世纪 80 年代开始对可降解淀粉塑料进行研究。国内外可降解地膜的种类繁多,主要有光降解地膜、生物降解地膜和光-生物/氧化-生物双降解地膜,近年来又出现了环保麻类植物纤维膜(李爱菊和陈红雨,2010)。它们在农业生产上的应用可降低塑料地膜的用量及其带来的污染,自然降解前其保湿、保温、增产增收效应显著。目前,国内外已广泛开展了可降解地膜、植物纤维地膜和液态地膜等可降解材料覆盖技术的研究,在农业生产中得到了广泛应用,其中生物降解地膜、植物纤维地膜因能达到完全降解而备受关注(谭志坚等,2014)。

可降解地膜始于 20 世纪 30 年代,其发展历程主要经历了以下几个阶段:光降解地膜、生物降解地膜、光-生物/氧化-生物双降解地膜,由不完全降解地膜发展为完全降解地膜(吴国,2013)。光降解膜可分为共聚合成型和添加光敏剂型两种,共聚合成型光降解膜以聚乙烯类较多,均可用作农田覆盖材料。生物降解地膜也是备受关注的一类地膜,可根据其降解机理分为完全生物降解地膜和不完全生物降解地膜,而根据其主要原料又可分为淀粉基生物降解膜和纤维素基生物降解膜(徐明双等,2009)。光-生物降解地膜(亦称双降解地膜)可分为淀粉型和非淀粉型两种,目前采用淀粉作为生物降解助剂的技术比较普遍(宋昭峥和赵密福,2005)。植物纤维基地膜是利用植物纤维采用造纸工艺而制成的一种可在土壤中完全降解的环保型纸地膜(吕江南等,2007)。目前,日本已研发出经济合理型、纤维网型、有机肥料型、生化型和化学高分子型等一系列纸地膜产品。国内也有许多单位采用稻草、麦秆、纸浆或废旧纸纤维为原料,制成了纤维素地膜。如中国农科院以麻类纤维为主要原料,研制出了环保型麻地膜,该产品具有保温、保湿效果好,使用后在土壤中可自动降解,并对土壤有培肥作用,且成本低,其推广应用前景较大(付登强,2008)。液态地膜是以褐煤、风化煤或泥炭为原料对造纸黑液、海藻废液、酿酒废液或淀粉废液进行改性,在木质素、纤维素和多糖在交联剂的作用下形成的高分子有机化合物(吕江南等,2007)。液态地膜强度可据具体用途而定,这种地膜也可被制成黑色,兑水喷洒于地表后形成一层固化膜,以抑制杂草生长(杨青华和韩锦峰,2005)。

光降解地膜不仅能增温保墒、提高作物产量,且残膜进入土壤后不会造成土壤恶化而危害作物生长。晏祥玉等(2014)研究发现,与塑料地膜相比,光降解膜具有保水、保温作用,在受光情况下能自行降解,残膜残留明显降低,且不会影响甘蔗苗期生长和后期产量。生物降解膜能增温保墒,改善作物生长环境,且可通过土壤微生物作用自然降解,实现资源的循环利用(乔海军,2007)。欧清华(2013)利用生物降解膜在烤烟上的研究表明,覆盖生物降解膜的烟株生物学性状优于塑料地膜覆盖,降解进程与烟株生育期同步。光-生物双降解地膜的增温保水性能与塑料地膜相当,作物产量略低于塑料地膜,但差异不显著(袁海涛等,2014)。纤维素膜具有增产增收作用,一段时间后能自然分解,减少环境污染,也可提高地温,保墒效果明显,同时玉米成熟后纤维膜降解效果明显(李文军等,2014)。以麻类纤维为主要原料的环保型麻地膜具有明显的增温和保湿效果,能提高作物的水分利用效率。覆盖液态地膜对作物生长有促进作用,效果略差于塑料地膜,但其降解速度较快,宜应用于生育期较短的作物(易永健等,2010)。

第六节　沟垄集雨结合覆盖技术存在问题及展望

近年来,沟垄种植技术已实现集耕作、起垄、覆膜、开沟、施肥、播种等功能一机多用的农业机械化,经济效益得到显著提高,其推广应用前景广阔,在北方旱作区得到成功应用和迅速发展,使土地经济生产力大幅提高,在旱区农业生产中发挥着至关重要的作用。然而多年单一的垄沟覆盖栽培模式势必会造成土壤质量下降、地膜残留和土壤底墒不足等问题。沟垄二元覆盖辅以施肥、秸秆覆盖还田等保护性耕作技术及配套农机具的推广应用,是今后旱作区微集水技术发展的新趋势,是可持续农业和特色效益农业的最佳选择。

一、存在问题

(一)沟垄集雨技术

以垄沟覆膜为主的栽培方式有力地推动了作物类型由单一固定模式向多元化转变,同时在旱区农业生产实践中与施肥、秸秆覆盖还田等措施相结合,实现了粮食作物在最优垄沟比例下产量的大幅度提升。但垄沟地膜覆盖

技术的这种增产效应在一定程度上是以消耗大量土壤水肥为代价（Monneveux,
et al.,2006），如果应用不当，连年覆膜会导致作物早衰，土壤质量下降（贾春
虹,2005）。大力推行垄沟覆盖技术与免耕、休耕、草田轮作、作物间套作等保
护性耕作方式的结合使用势在必行。

近年来，中国有关学者及研究单位对沟垄二元覆盖栽培技术的推广及其
配套的农机具也进行了部分研究，并取得一定的进展。但受旱作区降水条件
和地域特征的限制，主要发展中小型机械和半机械化农具为配套的农机具可
基本满足农艺各方面的要求，但还有相当一部分农机具设计不合理，还存在
一些问题，甚至有些技术还没有与之相配套的适宜机具。因此，亟待设计出与
沟垄集雨结合覆盖栽培技术在农艺上相配套的农机具，以充分发挥出该技术
农艺与农机相结合的综合效益。

（二）农业覆盖材料技术

1. 地膜覆盖技术

地膜覆盖技术在提高作物产量和农民经济效益的同时，农膜残留、覆膜
下氮素迁移转化和有机质耗损等问题制约着覆膜的可持续发展。塑料地膜覆
盖具有显著的增温保墒和增产增收作用，已成为中国目前广泛应用的覆盖材
料，对地膜需求也在逐年提高，这势必会造成土壤中残膜增多，其长期使用所
带来的"白色污染"也会成为人们普遍担忧的环境问题。在中国未来20年，地
膜覆盖种植面积将以15%~30%速度增加（严昌荣等，2014），每年地膜用量将
达到100万t。由于残膜使土壤疏松产生透气现象，从而使水分蒸发，土壤含
水量下降，而且土壤容重也有增加趋势，影响土壤结构和理化性质。地膜的大
面积推广和长年连续使用，使土壤中存在大量的残膜，妨碍土地的耕作，不利
于作物的生长。覆膜配合垄沟处理改变土壤水热性状与农田微地形，从而影
响氮肥的迁移转化与吸收利用。覆膜栽培使根区的硝酸盐累积峰提高到了
0~40 cm，形成膜下表层累积，同时覆膜处理在施肥初期有减缓硝酸盐向下层
迁移的作用。覆膜为作物生长提供良好的水热条件，作物生长及产量都相对
于不覆膜处理有明显提高，"库大源足，路径通畅"为作物吸收更多的氮素、减
少氮肥损失奠定了基础。但覆膜下累积的硝酸盐在休闲期很可能会由于揭膜
或膜的破损导致硝酸盐的加剧淋溶，而且膜下累积的硝酸盐也有可能会为反
硝化作用提供底物，增加 N_2O 排放，从而加剧温室效应。在农业生产中覆膜会

使微生物数量和活性增强,加速有机质的分解,有利于有机氮的矿化和磷的释放。但是长期覆膜和不合理的耕作方式会导致土壤有机质的耗竭,通过透支"地力"而获得高产是难以持续的,甚至还有可能出现植株"早衰"现象。覆膜技术导致土壤水分、温度、通气等条件发生改变,进一步影响土壤养分转化和运移、微生物数量和活性、作物根系生长和代谢,彼此相互联系,共同作用,体系内涉及内容相对复杂。而目前关于覆膜体系的系统研究还比较缺乏,导致单因素研究中所得结论矛盾较多。

2. 秸秆覆盖技术

秸秆覆盖技术作为一项节水保墒措施在国内外已得到较为广泛的应用,并取得一定的经济效益和生态效益,实现了农业资源的循环利用,尤其适用于在我国干旱少雨、灌溉条件差等地区推广应用。但是,秸秆覆盖技术在应用中仍存在以下诸多问题。秸秆覆盖条件下的"低温效应",作为限制喜温作物生长的主要因素,会抑制春播作物早期的生长(李荣等,2012;Monneveux, et al.,2006)。秸秆覆盖条件下的土壤水温效应可能会加重病虫害的发生,诱使作物发病(贾春虹,2005)。某些作物秸秆产生的他感化合物(水溶性毒素物质)在抑制杂草的同时,也会对作物生长产生抑制,其毒素物质的释放及其作用与降雨量、秸秆覆盖量及覆盖方式关系密切(贾春虹,2005)。长期秸秆覆盖会使土壤微生物与作物发生相互争氮,这是由于秸秆本身氮、磷含量较少,而土壤微生物分解过程中需消耗一定的氮素(韩晓日等,2007)。秸秆覆盖技术在降雨较多的地区,由于降雨过多使秸秆贴于地表,作物呼吸作用受限,进而影响作物的生长。如李全起等(2005)发现,在降雨较多地区,冬小麦进行秸秆覆盖能显著降低其产量。秸秆覆盖技术在应用时,由于多采用联合收割机把粉碎的秸秆直接撒于农田,致使秸秆覆盖度不均,影响作物的正常生长(陈翠华和张伟,2009);秸秆覆盖会造成播种机堵塞,且种沟不易弥合,影响种子的正常萌发,苗期幼苗由于缺光而变弱(王维等,2009);由于秸秆处理设备不配套,在轮作茬口紧的多熟区,收集及处理秸秆难度大。目前,秸秆覆盖的配套机械和加速秸秆腐熟等技术尚不成熟,在农业推广应用中仍有一定难度。秸秆覆盖技术应用规模较小,适用于农户小型化、实用化秸秆覆盖技术缺乏,且集成力度不够(山仑,1983)。

3. 可降解材料覆盖技术

各类降解材料其保水、保温和增产效果及生态效应和普通地膜相似,被广泛地运用于经济作物和粮食作物。可降解材料可通过微生物作用自动降解,但在农业生产中还存在降解时间和速度难以控制等问题,这主要与其化学组分、工艺参数、贮藏及使用环境等有关(胡宏亮,2015)。降解膜的生物学效果及降解速率还与自然光强弱有关(Kijchavengkul, et al., 2008)。可降解材料的降解状况和用于覆盖技术的应用研究归纳列入表1-2。通过比较各降解材料的降解状况发现,生物降解膜降解速度最快,其次是光-生双降解膜,光

表1-2 不同降解塑料的降解状况比较

降解塑料类型	种类及主要成分	降解机理	降解程度	存在问题	应用作物
光降解膜	共聚合成型包括含聚乙烯(PE)、聚苯乙烯(PS)、聚氯乙烯(PVC)、聚对苯二甲酸乙二酯(PET)和聚酰胺(PA)的光降解聚合物;添加光敏剂型主要包括无机型光敏剂和有机型光敏剂两类	Norrish反应(光降解和自由基断裂氧化反应)	须在光照条件下才能降解;埋入土壤部分无法降解	土壤污染问题没有得到解决,使用很受限制	玉米、棉花、花生、甘蔗、烟草等
生物降解膜	淀粉基生物降解地膜包括淀粉、相溶剂、自氧化剂、加工助剂;纤维素类生物降解地膜包括淀粉、纤维素、糖类等	生物物理作用、生物化学作用和酶直接作用	使用后完全降解,其降解性能优于光降解膜	技术工艺、产品性能等方面有待完善和提高	小麦、玉米、棉花、土豆、番茄等
氧化-生物降解地膜	主要成分为聚烯烃塑料、纳米降解助剂(氧化生物降解母粒)	氧化降解和生物降解技术	能够克服光催化降解技术条件限制的缺陷	不同地域和作物对地膜要求不同,且生产成本高	棉花、花生等
光-生物降解地膜	分为淀粉添加型和非淀粉型;主要成分为聚烯烃塑料、光敏剂、生物降解剂、促进氧化和降解控制剂	光降解性和生物降解性协同效应	降解较完全;但降解程度对环境依赖性很强	研究开发和应用的困难比较大	玉米、棉花、花生、烤烟等
液态地膜	包括沥青制剂(HA)和聚丙烯酰胺制剂(PAM)两种,主要成分包括可生物降解高分子材料、腐殖酸类物质、作物秸秆	光、热和土壤微生物作用	完全自然降解	产品性能有缺陷,作物的后期抗旱效果较差	小麦、棉花、花生、蔬菜、烟草、瓜果等

降解膜降解最慢。

不同类型降解膜的降解特性在区域性上也存在差异性。何文清等(2011)研究表明,在河北试验点降解膜的降解速率要明显快于新疆试验点。在降解膜研发及生产过程中,可根据地理区域、种植栽培方式和季节性添加特殊的降解助剂,以调整地膜的物理特性(Briassoulis,2006)。胡宏亮等(2015)选用己二酸-对苯二甲酸-丁二酯共聚物(PBAT)为主要成分,另加少量生物降解材料及助剂等进行不同生物降解地膜覆盖试验,研究发现不同类型可降解地膜均在覆膜后20 d开始出现裂缝,在覆膜后60~80 d开始达到3级降解程度。因此,在实际使用时,需要考虑当地或栽培季节等自然因素选择适宜的降解地膜种类。光降解地膜最早在新疆地区推广,加入光敏色素能控制降解速度,在干旱少雨地区光降解膜的降解效率较高,但受外界因素影响较大,降解效果不稳定,因此,尚未能得到大面积应用(吴国,2013)。生物降解地膜,由于其存留大量聚乙烯或聚酯不能被完全降解,因此会对土壤环境造成一定污染(陈建华等,2006)。以淀粉为主要原料的生物降解膜淀粉含量在30%以上的降解程度较好,其降解速度与周围的生态环境有密切关系(刘群,2012)。而美国和日本研制的全淀粉降解塑料,能在使用周期内完全降解,但也因在大田生产中发挥作用不强,应用范围受到限制(王宁和马涛,2007)。光-生物降解地膜将生物降解和光降解有机结合,降解比较完全,且降解后的产物对环境友好,但主要问题是如何将光降解和生物降解两者有机结合(兰印超,2013)。最近,我国又成功研制出一种氧化-生物降解地膜,它能结合氧化降解和生物降解技术,同时克服光催化降解技术在无光或光照不足时不易降解和光线充足时降解过快的缺陷(何文清等,2011)。但也因氧化-生物降解地膜的研究开发比较困难,且不同地域和作物对地膜的要求不同、生产成本和农民使用成本较高(刘敏等,2008)。日本已研制出纸地膜在降解后能培肥土壤,但缺陷在于难以找到合适的植物纤维和辅助剂,使纤维纸质地膜达到与塑料地膜相同的物理力学性能,且易破碎、不宜机械铺膜(乔海军,2007)。此后,山东理工大学田原宇等研制出了腐殖酸"液态地膜",但推广较慢,原因在于其效果不太稳定(刘群,2012)。全降解塑料地膜在日本发展较快,但成本较高。可见,中央和地方政府应对可降解材料的推广应用给予政策支持和补贴政策,解决地膜污染问题才能逐见成效。

二、展望

(一)沟垄集雨技术

目前关于沟垄集雨技术对作物产量、土壤水温等方面的研究已取得了重要进展,在北方部分旱作区已初具规模和成效,但有些技术和理论等仍需进一步研究。(1)建立适合不同旱作类型区及不同作物的垄沟比。中国北方旱作区面积广,气候多样,年降水量差别较大。不同旱区类型适合不同作物种植,不同作物适合不同的沟垄集雨种植模式,这方面的研究应大力加强。(2)重视土壤水分与温度、肥力等其他因子耦合性研究。在旱作区一定的光热前提下,水分是限制当地农业发展的重要因素,水肥的耦合与制约尤为突出,应加强土壤水分、温度、肥力和作物产量形成之间的耦合研究,并建立适宜沟垄集雨技术体系下的作物生长模型,从机理上揭示沟垄集雨技术体系的生态效应。(3)探索最佳环保型覆盖材料。除传统的秸秆覆盖外,可降解膜是有望替代聚乙烯膜的环保型覆盖材料,但可降解膜的类型和品种多样,其土壤环境和作物效应也不尽相同,应着重开展沟垄集雨技术模式下环保型降解材料的土壤环境(土壤质量和病虫草害)及作物生理生态机制方面的研究,探索适合不同旱作区作物栽培的覆盖材料,以解决地膜对土壤的污染问题。(4)加强沟垄集雨技术模式的技术评价、技术推广与配套机具设计等方面的研究。沟垄集雨技术模式的一些关键性技术和相应的配套农机具仍需进一步完善,并应根据现有的研究成果,制定相应的操作规程和标准,指导农民进行科学的农事操作,从而推动该项技术的大面积推广应用。

(二)地膜覆盖技术

针对农膜残留问题这一现象,需要大力提高农民的环保意识,使农田土壤中地膜能够及时回收,呼吁使用厚度大、强度高、利于回收的地膜;推广可降解地膜和液体地膜等新型地膜。政府可提出相应的政策,提高农田管理效率,起到引导和监督的作用。关于覆膜氮素表层累积问题,在覆膜条件下,可根据土壤状况优化氮肥的施用量和施肥次数、选择施用控释肥、在适宜地区种植填闲作物,利用作物的轮作、套作等管理措施对于提高氮肥利用率,减少环境污染意义重大。为保持农田土壤肥力、作物持续高产,解决覆膜下土壤有机质损耗问题,必须改变农田的利用现状,改良耕种措施和方式。化肥和有机肥配施能够提高土壤有机质含量,在覆膜条件下,根据不同土壤肥力状况和理化性质,增加有机肥施用量,选择合适的施肥量和配施比例,提高土壤有机质含量;一膜两年用的覆膜措施可以减少土壤扰动和翻耕,能够避免耕层土壤暴露在空气当中,从而降低有机质的氧化分解;低有机质的农田可以种植绿肥作物培肥土壤,提高有机质含量。覆膜技术的改进和创新,应该全面评估其对于作物增产的贡献以及对土壤生态环境的影响。另外,在推广过程中更需要根据土壤性质、气候条件、作物类型等条件差异,采用适宜的覆膜方式与技术,使得覆膜体系在旱地雨养农业生产过程中得到长期可持续发展。

(三)秸秆覆盖技术

秸秆覆盖技术可使土壤微环境状况得到改善,抑蒸保墒效果显著,但仍会出现作物减产现象。其原因主要在于覆盖秸秆的化感(他感)效应,同时,还与覆盖导致土壤水分、温度和供肥状况等因素的变化有关,其作用机理尚需深入探讨,且秸秆覆盖后土壤水-温-肥效应及作物生长的响应机理也仍待进一步研究。施肥和灌溉与秸秆覆盖技术相组合可协同增产,因此,在秸秆覆盖的条件下实施水肥一体化技术是秸秆覆盖技术研究的重要方向。随着精准农业的发展,引入计算机模型模拟秸秆覆盖条件下作物产量与土壤水、肥、热耦合效应研究,有助于探明影响作物生长发育的关键因子,不同秸秆覆盖方式、覆盖量及生态类型区下对不同作物的作用机理和应用效果;秸秆覆盖引起耕作及种植制度的变化是值得关注的研究课题;秸秆就地机械化操作和覆盖下机械化播种也是目前关注的热点。

(四)可降解材料覆盖技术

可降解材料虽能降低对土壤环境的影响,但目前技术尚未能从根本上解决"白色污染"问题,其次生产成本较高,很难大面积推广应用;不同地域条件下可降解材料对土壤的环境效应不同,可降解材料的适应性研究是推广应用的重要内容;多数可降解地膜还存在力学性能、耐水性弱、强度差等问题,可降解材料的干湿度、拉伸度、伸长率的改进是研究的重点;可降解材料生产成本较高,加快对生物降解塑料、纤维素或无机材料填充共混技术及完全生物降解塑料与天然材料涂层复合技术的研发,降低材料成本也是研究的重点;双降解材料(光-生降解材料和氧-生降解材料)和完全生物降解材料是可降解材料的发展方向;双降解材料成本较低、降解性好,但对其降解的彻底性和降解产物对土壤环境的安全性问题尚有待进一步论证。

第二章 沟垄集雨结合覆盖对土壤水分的影响

　　渭北旱塬地处中国黄土高原南部,属暖温带半湿润易旱区,为典型的雨养农业区。该区年降水时空分布不均、变率大,土壤水分蒸发强烈,季节性降水不足且与作物的需水规律不吻合,严重限制了该区的农作物生产。因此,通过集雨保墒等技术措施提高自然降水的利用效率,解决水分供需矛盾是促进该区农业生产的技术关键;以现有节水措施为基础更大幅度地提高有限降雨的利用效率、维持整个水资源的可持续利用和区域平衡已成为节水农业的主要课题。

　　沟垄集雨栽培技术也称田间微集雨技术,是旱区集雨农业栽培技术中的重要表现形式之一。沟垄集雨结合覆盖种植系统是通过在田间修筑交替的沟垄,垄面覆膜,沟内种植作物,该技术利用垄面调控雨水径流,使降雨汇集至沟中,将无效降雨变成有效降雨,从而形成雨水的富集与高效利用,结合地表覆盖减少水分蒸发,从而延长土壤水分的有效性。且一次起垄多年不变、易于推广,已成为旱区农业主要的节水措施之一。本研究在沟垄集雨栽培模式下,通过垄上和沟内覆盖普通地膜、生物降解膜、液体地膜及秸秆四种材料,将垄面的覆盖集雨与种植沟内的覆盖保水相结合,减少土壤水分的无效蒸发,增加土壤蓄水量,是渭北旱塬区旱作节水农业发展的基本技术途径。

第一节 试验设计与测定方法

一、试验区概况

　　试验于2007—2011年在陕西省合阳县甘井镇西北农林科技大学旱作农业试验站(北纬35°15′,东经110°18′)进行。当地塬面平坦开阔,光热资源充足,属渭北旱塬区。该区海拔 910 m,多年平均降水量为 538.3 mm,主要集中在 7~9 月,年平均蒸发量 1 832.8 mm,干燥度为 1.5,年平均最高和最低温度分别为 40.1℃和-20.1℃,平均温度为 10.5℃,总平均日照时数为 2 528 h,无霜期 169~180 d,是黄土高原中南部典型的半湿润易旱区。

试验期间降水量月分布如图 2-1 所示,2007 年、2008 年、2009 年、2010年和 2011 年的年降水量分别为 561.6 mm、469.6 mm、499.6 mm、515.2 mm 和545.5 mm,而 2007 年、2008 年、2009 年、2010 年和 2011 年玉米生育期(4 月下旬至 9 月中旬)降水量分别为 398.3 mm、330.3 mm、378.1 mm、390.7 mm 和420.3 mm。根据当地多年长期平均和年降水总量可知,2008 年为枯水年,2009 年和 2010 年为平水年,2007 年、2011 年为丰水年。

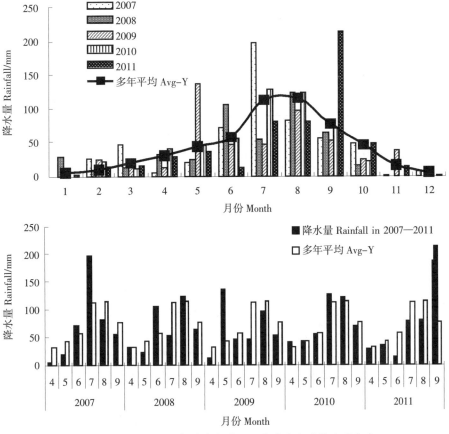

图 2-1　2007—2011 年总降水量及玉米生育期月降水量分布

试验地为旱平地,土壤为塿土(砂粒 26.8%,粉粒 41.9%,黏粒 21.3%),pH 为 8.1。在 0~20 cm 土层,有机质,全 N、全 P 和全 K 分别为 10.8 g/kg、0.8 g/kg、0.6 g/kg 和 7.1 g/kg,速效 N、速效 P 和速效 K 分别为 74.4 mg/kg、23.2 mg/kg 和 135.8 mg/kg。2007 年试验地前茬作物为春玉米。

二、试验设计

2007—2011 年采用沟垄种植模式,共设 6 个试验处理,为达到最佳集水效果和便于回收残膜垄上均覆盖普通地膜,沟内覆盖各种不同材料,即处理 1:垄覆普通地膜+沟覆普通地膜(D+D)。处理 2:垄覆普通地膜+沟覆生物降解膜(D+S)。处理 3:垄覆普通地膜+沟覆秸秆(D+J)。处理 4:垄覆普通地膜+沟覆液体地膜(D+Y)。处理 5:垄覆普通地膜+沟不覆盖(D+B)。处理 6:传统平作不覆盖(CK)。田间种植示意图如图 2-2。每处理 3 次重复,小区长 8.1 m,宽 3.6 m,随机排列。

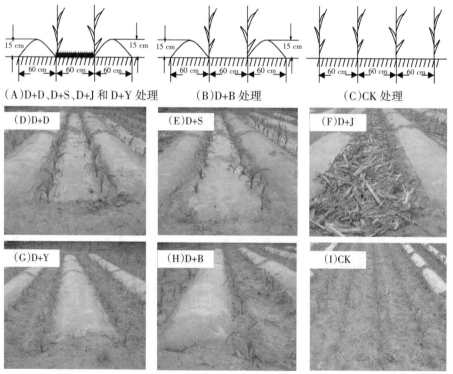

图 2-2　不同集雨处理种植示意图

沟垄种植模式,垄宽 60 cm,沟宽 60 cm,垄高 15 cm,玉米种于沟内膜垄两侧,株距 30 cm。播种前 30 d,在试验地修筑沟垄,将基肥(N 150 kg/hm²、P₂O₅ 150 kg/hm²、K₂O 150 kg/hm²)均匀散在沟内,犁入土壤,然后进行覆盖。垄上均覆盖塑料地膜(PE 地膜 80 cm 宽,8 μm 厚,山西运城塑料厂生产)。D+D 和 D+S 处理区沟内普通地膜和生物降解膜覆盖 (聚乙烯和淀粉为原料,膜 80 cm 宽,8 μm 厚,60 d 后开始降解,陕西华宇生物科技有限公司提供)。玉米秸秆(养分含量分别为全氮 6.0 g/kg、全磷 0.6 g/kg、全钾 13.7 g/kg、有机碳 408.4 g/kg)被切成 15 cm 长,以 9 000 kg/hm² 的覆盖量(蔡太义等,2011)均匀覆于 D+J 处理区沟内,液体地膜(作物秸秆为原料,40 d 后开始降解,北京金尚禾生物有限公司生产)按产品:水为 1:5 稀释,以公司推荐的 450 L/hm² 的总量用手动喷雾器喷施于 D+Y 处理区沟内土壤表面。常规平作处理区(CK)玉米行距 60 cm,株距 30 cm。这些覆盖材料(塑料地膜、生物降解膜、玉米秸秆、液体地膜)使用一年,第二年全部更换。

春玉米(豫玉 22)分别于 2007 年 4 月 28 日、2008 年 4 月 15 日、2009 年 4 月 26 日、2010 年于 4 月 25 日和 2011 年 4 月 26 日播种,播量均为 55 558 株/hm²。在 7 月下旬追施氮(N)肥 150 kg/hm²。分别于 2007 年 9 月 15 日、2008 年 9 月 5 日、2009 年 9 月 18 日、2010 年 9 月 17 日和 2011 年 9 月 20 日收获。每年作物收获后,所有的地块仍保留沟垄和覆盖物,并在第二年进行了更换。收获玉米植株的所有地上部分,每处理田间留茬 2~3 cm 高。试验期无灌水,定期进行人工除草。

三、测定项目与方法

于 2007—2011 年采用土钻(直径 0.08 m)烘干法分别测定春玉米主要生育期(播种期、苗期、大喇叭口期、抽雄期、灌浆期和收获期)玉米种植区(沟垄种植沟中间及传统平作种植行间)0~200 cm 土壤质量含水量,每 20 cm 取一个土样,3 次重复。播种前根据 Robertson(1999)测定了 0~200 cm 土层土壤容重,平均容重为 1.37 g/cm³,计算 0~200 cm 各土层土壤蓄水量。

土壤蓄水量采用以下公式计算:$W = h \times a \times b \times 10/100$

其中:W 为土壤蓄水量,mm;h 为土层的深度,cm;a 为土壤容重,g/cm³;b 为土壤水分含量,%。

四、数据统计分析

用 SAS 8.01 统计软件对数据进行方差分析，LSD 法用来检测各处理间差异，当 $P<0.05$ 时认为统计上差异显著。

第二节 不同沟垄集雨结合覆盖下土壤蓄水保墒效果

通过农田微地形的改变，沟垄覆盖处理能够使无效和微效降雨有效化，达到集雨蓄墒的效果。2009 年和 2010 年在玉米种植区附近，修筑相应处理的未种植玉米区（两垄一沟），为防止小区间水分侧渗，各小区边缘埋有深 2 m 的塑料膜，作为隔离带。在 2009 年和 2010 年 4 至 7 月对未种植各处理沟内土壤水分进行测定，研究无作物蒸腾耗水条件下，不同沟垄覆盖处理的蓄墒和抑蒸效果。

由表 2-1 可知，在降水较多、蒸发较少的玉米生育前期（4 至 5 月），各沟垄处理有效改善土壤的水分状况。2009 年 4 月 2 日至 5 月 20 日降水量为 81.4 mm，5 月 20 日 CK 处理下 0~200 cm 土层土壤蓄水量较起垄前（4 月 2 日）增加 33.0 mm，D+D、D+S、D+J、D+Y 和 D+B 处理土壤蓄水量分别较起垄前增加 59.3 mm、56.9 mm、28.1 mm、43.3 mm 和 41.3 mm，其土壤蓄水增加量分别较 CK 显著提高 80.0%、72.6%、76.4%、31.4%和 25.2%；5 月 20 日各覆盖处理 0~200 cm 土层土壤蓄水量较 CK 增加 8.3~26.3 mm，提高了 1.8%~5.7%。2010 年 4 月 2 日至 5 月 20 日的阶段降水量为 74.9 mm，5 月 20 日 CK 处理下 0~200 cm 土层土壤蓄水量较起垄前（4 月 2 日）仅增加 9.9 mm，而各覆盖处理的土壤蓄水量较起垄前分别增加 18.5~23.6 mm，其土壤蓄水增加量分别较 CK 显著提高 93.1%~146.6%；5 月 20 日各覆盖处理土壤蓄水量较 CK 显著增加 8.3~26.3 mm，提高了 5.9%~7.9%。

在降雨较少且蒸发强烈的中期（6 至 7 月），各覆盖处理均能抑制土壤水分蒸发，从而达到保墒效果（表 2-2）。2009 年 6 月 10 日至 7 月 7 日阶段降水量为 30.0 mm，7 月 7 日 CK 处理下 0~200 cm 土层土壤蓄水量均较 6 月 10 日减少 92.8 mm，而 D+D、D+S、D+J、D+Y 和 D+B 处理土壤蓄水量分别较 6 月

表 2-1　2009 年和 2010 年 4 至 5 月未种植区各处理 0~200 cm 层土壤蓄水量比较

年份	处理	土壤蓄水量/mm		降水量 /mm	土壤蓄水 增加量/mm	较 CK 增加量/%
		4 月 2 日	5 月 20 日			
2009	D+D		490.8		59.3	80.0
	D+S		488.4		56.9	72.6
	D+J		489.6		58.1	76.4
	D+Y	431.5	474.8	81.4	43.3	31.4
	D+B		472.8		41.3	25.2
	CK		464.5		33.0	—
2010	D+D	483.2	503.8		20.7	115.9
	D+S	483.3	505.1		21.8	127.4
	D+J	478.5	502.1		23.6	146.6
	D+Y	474.8	493.5	74.9	18.6	94.3
	D+B	476.2	494.7		18.5	93.1
	CK	457.5	467.0		9.6	

10 日减少 43.8 mm、43.0 mm、40.1 mm、59.0 mm 和 63.9 mm,其土壤蓄水减少量分别较 CK 降低 52.8%、53.7%、56.8%、36.5% 和 31.5%,7 月 7 日各覆盖处理土壤蓄水量较 CK 显著增加 48.9~86.0 mm,提高了 12.0%~21.0%。2010 年 6 月 10 日至 7 月 7 日,该阶段降水量为 37.2 mm,7 月 7 日 CK 处理下 0~200 cm 土层土壤蓄水量较 6 月 10 日减少 38.5 mm,各覆盖处理土壤蓄水量较 6 月 10 日减少 9.6~30.0 mm,其土壤蓄水减少量较 CK 降低 22.0%~75.1%。7 月 7 日各覆盖处理土壤蓄水量较 CK 显著增加 36.0~64.2 mm,提高了 8.4%~14.9%。

可见,在不考虑作物蒸腾耗水条件下,无论是降雨较多、蒸发较少的前期还是降雨较少、蒸发较多的中期,不同沟垄覆盖种植处理均能较传统平作有效地集蓄降雨、抑制土壤水分无效蒸发,从而显著改善土壤水分状况。

表 2-2　2009 年和 2010 年 6 至 7 月未种植区各处理 0~200cm 层土壤蓄水量比较

年份	处理	土壤蓄水量/mm		降水量/mm	土壤蓄水减少量/mm	较 CK 减少量/%
		6 月 10 日	7 月 7 日			
2009	D+D	536.1	492.3	30.0	43.8	52.8
	D+S	537.2	494.2		43.0	53.7
	D+J	535.3	495.2		40.1	56.8
	D+Y	522.8	463.9		59.0	36.5
	D+B	521.6	458.1		63.5	31.5
	CK	502.0	409.2		92.8	—
2010	D+D	503.8	491.2	37.2	12.6	67.3
	D+S	505.1	492.8		12.3	68.0
	D+J	502.1	492.6		9.6	75.1
	D+Y	493.5	468.1		25.3	34.2
	D+B	494.7	464.6		30.0	22.0
	CK	467.0	428.6		38.5	—

第三节　沟垄集雨结合覆盖对玉米生育期土壤蓄水量的影响

表 2-3 为 2007—2011 年玉米各生育时期不同处理下 0~200 cm 层土壤蓄水量状况。结果表明,各年份 D+J 处理土壤蓄水效果最好,D+D 和 D+S 处理效果相似,D+Y 和 D+B 处理相似。D+J 处理玉米各生育时期土壤蓄水量均最高,2007—2011 年玉米播种期、拔节期、大喇叭口期、抽雄期、灌浆期和收获期平均土壤蓄水量分别较 CK 增加 15.5 mm、27.5 mm、34.5 mm、31.5 mm、21.3 mm 和 6.3 mm,除收获期后,各生育期与对照差异显著。各年份 D+D 和 D+S 处理玉米播种期、拔节期和大喇叭口期土壤蓄水量均显著高于 CK,2007—2011 年 D+D 和 D+S 处理播种期平均土壤蓄水量分别较显著 CK 增加 10.7 mm 和 10.5 mm,拔节期分别显著增加 27.6 mm 和 31.7 mm,大喇叭口期

分别显著增加 22.1 mm 和 31.7 mm；抽雄期和灌浆期 D+D 和 D+S 处理土壤蓄水量不同年份表现不同,2007 年抽雄期和灌浆期土壤蓄水量均显著高于 CK,2008 年、2009 年抽雄期和 2010 年抽雄期和灌浆期土壤蓄水量均与 CK 无差异,而 2008 年、2009 年灌浆期和 2011 年抽雄期和灌浆期土壤蓄水量均显著低于 CK, 这可能与不同年份阶段降水量多寡有关;2008 年、2009 年和 2011年灌浆期 D+D 和 D+S 处理三年平均土壤蓄水量分别较 CK 显著降低 17.7 mm 和 16.0 mm;收获期 D+D 和 D+S 处理土壤蓄水量均略低于 CK 但无显著差异。各年份 D+Y 和 D+B 处理大喇叭口期土壤蓄水量均明显高于 CK, 2007—2011 年平均土壤蓄水量分别较 CK 显著增加 18.9 mm 和 15.0 mm,其他生育期土壤蓄水量均略高于 CK 或无差异。

表 2-3　不同处理对玉米生育期 0~200 cm 层土壤蓄水量的影响

单位:mm

年份	处理	播种期	拔节期	大喇叭口期	抽雄期	灌浆期	收获期
2007	D+D	444.9a	436.5a	416.4b	405.4ab	433.6a	448.2ab
	D+S	444.9a	433.6a	414.6b	402.6ab	431.4a	452.4a
	D+J	444.9a	430.3a	423.3a	411.3a	437.2a	443.8b
	D+Y	444.9a	420.7b	410.6bc	389.6b	398.5b	441.3b
	D+B	444.9a	415.5bc	407.9bc	387.9b	393.9b	443.1b
	CK	444.9a	410.6c	399.1c	376.6c	382.3c	431.4c
2008	D+D	520.1a	550.6a	488.3ab	465.4c	364.9c	413.9a
	D+S	521.1a	548.4a	488.1ab	464.8c	365.7c	412.2a
	D+J	520.8a	546.2a	495.1a	493.2a	389.8a	417.0a
	D+Y	504.2b	526.3b	478.4bc	475.8b	377.8b	414.0a
	D+B	506.2b	530.8b	474.3c	475.1b	376.6b	420.8a
	CK	499.2b	515.9b	453.7d	462.4c	380.1ab	420.3a
2009	D+D	442.0b	498.6ab	510.6ab	429.5c	340.0c	402.7b
	D+S	441.1b	501.2a	512.8a	430.5c	343.1c	401.0b

年份	处理	播种期	拔节期	大喇叭口期	抽雄期	灌浆期	收获期
2009	D+J	451.7a	505.6a	515.1a	459.1a	371.5a	413.0a
	D+Y	438.8bc	495.4b	507.1ab	441.9b	360.2b	411.7ab
	D+B	432.9c	480.9c	502.6b	439.3b	355.9b	405.9ab
	CK	433.0c	463.9d	489.5c	429.5c	353.8b	410.2ab
2010	D+D	446.6b	462.8b	440.0b	411.2b	421.3a	418.0a
	D+S	446.7b	478.3a	444.3ab	411.2b	421.6b	416.3a
	D+J	458.2a	456.1b	451.0a	427.4a	438.3a	426.8a
	D+Y	442.8b	450.6bc	432.4b	409.4b	424.0b	422.3a
	D+B	443.0b	446.2c	434.2b	409.1b	421.5b	418.1a
	CK	428.9c	433.6d	416.3c	401.0b	425.0b	421.7a
2011	D+D	473.9ab	462.8b	400.9b	363.4d	329.8c	577.6b
	D+S	472.8ab	470.5ab	398.6b	365.9d	331.1c	580.9b
	D+J	476.9a	472.6a	433.6a	414.8a	362.8a	595.5a
	D+Y	468.8b	464.1bc	411.7a	391.5b	358.3ab	588.9ab
	D+B	468.1b	460.5c	401.7b	389.1bc	353.4b	582.0b
	CK	468.2b	449.4d	386.9c	379.2c	351.9b	581.1b
5年平均	D+D	465.5ab	482.3a	451.2b	415.0bc	377.9b	452.1a
	D+S	465.3ab	486.4a	451.7b	415.0bc	378.6b	452.6a
	D+J	470.5a	482.2a	463.6a	441.2a	399.9a	459.2a
	D+Y	459.9b	471.4ab	448.0c	421.6b	383.8b	455.6a
	D+B	459.0bc	466.8b	444.1c	420.1b	380.3b	454.0a
	CK	454.8c	454.7c	429.1d	409.7c	378.6b	452.9a

注:各列不同小写字母表示各处理间差异显著($P<0.05$)。

第四节　沟垄集雨结合覆盖下玉米生育期土壤水分垂直变化

由于不同覆盖材料的保蓄水分能力不同,使不同处理下土壤水分的收支状况不同,加之玉米的生育期进程不同,从而影响不同时期各处理下土壤水分的垂直分布。

一、播种期 0~200 cm 层土壤水分垂直变化

受休闲期降雨状况的影响,玉米播种期不同年份土壤水分垂直分布不同,但同一年份各处理垂直变化规律一致(图 2-3)。2008 年播种期各处理

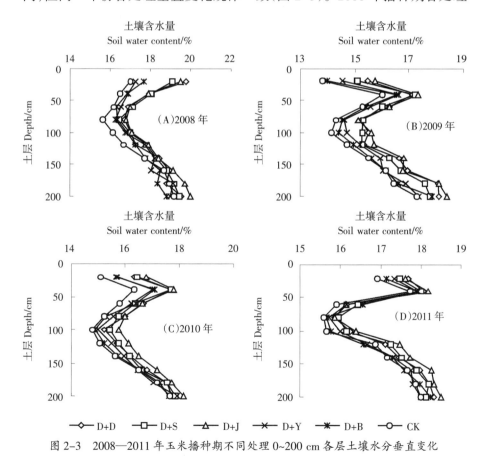

图 2-3　2008—2011 年玉米播种期不同处理 0~200 cm 各层土壤水分垂直变化

0~80 cm 层土壤含水量逐渐减小,80 cm 以下土层随深度增加而增加;2009年、2010 年和2011 年各处理土壤含水量分别以 40 cm 和80~100 cm、40 cm 和100 cm、40 cm 和 80 cm 为两个拐点,呈"升高—降低—升高"变化趋势。

播种期沟垄覆盖处理0~200 cm 各层土壤含水量均较 CK 提高,且以 D+D、D+S 和 D+J 处理最为显著。2008 年播种前 D+D、D+S 和 D+J 处理0~120 cm 土层土壤含水量均高于 CK,分别较 CK 显著提高 7.2%、7.0%、7.7%;2009 年 0~100 cm 土层土壤含水量均高于 CK,分别较 CK 显著增高 8.4%、7.4%和9.0%;2010 年 D+J 处理 0~140 cm 层高于 CK,较 CK 显著增高 7.2%;D+D 和D+S 处理在 0~80 cm 层均高于 CK,分别显著增高 6.9%和6.1%;2011 年,仅 0~20 cm 层 D+D、D+S 和 D+J 处理土壤含水量分别较 CK 显著提高 5.5%、4.8%与5.2%,其余处理各层土壤含水量均略高于 CK,但差异不显著。各年份D+Y 和 D+B 处理不同土层土壤含水量均略高于 CK,差异不显著。不同年份各沟垄覆盖处理对土壤水分深度影响不同,这可能与不同年份冬季休闲期降雨量的差异有关(2008 年 144.7 mm,2009 年 113.6 mm,2010 年 105.0 mm 和2011 年 115.1 mm)。

二、大喇叭口期 0~200 cm 层土壤水分垂直变化

玉米大喇叭口期不同年份各处理 0~200 cm 层土壤水分垂直变化规律相似,0~20 cm 层土壤含水量最低,随土层的加深各处理土壤含水量逐渐增加(图 2-4)。

4 年间,D+J 处理下各层土壤含水量均最高,CK 处理均最低,且与 CK 差异显著。2008 年、2009 年、2010 年和2011 年 D+J 处理 0~200 cm 平均土壤含水量分别较 CK 显著增高 10.4%、7.5%、13.3%和14.6%。D+D 和 D+S 处理在2008 年 0~20 cm 和 120~200 cm,2009 年 0~20 cm 和 100~200 cm,2010 年 0~20 cm 和 80~200 cm,2011 年 0~20 cm 和 140~200 cm 层土壤含水量均显著高于 CK,而在相应年份的其他中间层土壤含水量均低于 D+Y 和 D+B 处理,与 CK 差异不显著。D+Y 和 D+B 处理各层含水量均高于 CK,且在 2008 年60~100 cm 土层,2009 年 0~40 cm 和 100~200 cm 土层,2010 年 80~180 cm 土层和 2011 年 0~60 cm 土层均与 CK 差异显著。该时期 D+D 和 D+S 处理表层(0~20 cm)和下层(100~200 cm)含水量较高,而在 40~100 cm 层土壤含水量

低于 D+Y 和 D+B 处理,这可能与 D+D 和 D+S 处理下玉米生长较快,对 40~100 cm 层土壤水分消耗较多有关。

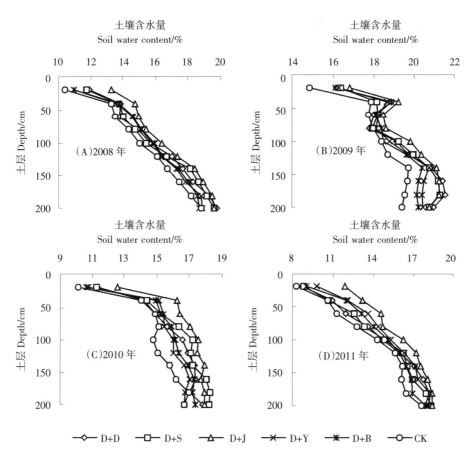

图 2-4　2008—2011 年玉米大喇叭口期不同处理 0~200 cm 各层土壤水分垂直变化

三、抽雄期 0~200 cm 层土壤水分垂直变化

受阶段降雨量的影响,2008 年、2009 年和 2011 年玉米抽雄期 0~200 cm 土层土壤含水量的垂直变化规律相似,均在 20 cm 处土壤含水量最低,40~60 cm 土层变化较小,80 cm 以下随土层深度的增加土壤含水量增加;2010 年 80 cm 处土壤含水量最低,以 40 cm 和 80 cm 处为两个拐点呈明显的升高—降低—升高趋势(图 2-5)。

该时期 D+J 处理各层土壤含水量仍最高，且在 2008 年 0~80 cm，2009 年 0~60 cm，2010 年 0~100 cm 和 2011 年 0~120 cm 与 CK 差异显著。D+Y 和 D+B 处理除 0~20 cm 层土壤含水量均显著高于 CK 外，其他各层均略高于 CK，但差异不显著。D+D 和 D+S 处理 0~20 cm 层土壤含水量均显著高于 CK，20~60 cm 与 CK 无差异，而 60 cm 以下各层含水量均明显低于 CK（除 2010 年）。

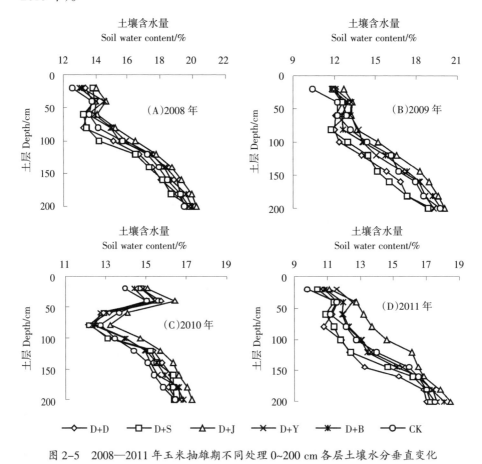

图 2-5　2008—2011 年玉米抽雄期不同处理 0~200 cm 各层土壤水分垂直变化

四、灌浆期 0~200 cm 层土壤水分垂直变化

不同年份玉米灌浆期土壤含水量的垂直变化如图 2-6 所示，其变化趋势与抽雄期规律大致相似，由于 2008 年、2009 年和 2011 年抽雄期至灌浆期降雨有限(2008年、2009年和2011年分别为36.2 mm、32.6 mm和35.5 mm)各处理0~200 cm土层含水量均小于抽雄期,2010年灌浆期表层含水量与抽雄期相比受降雨的补充(2010年为140.2 mm)而显著升高。

各年份灌浆期D+J处理各层土壤含水量均高于CK,但差异不显著;D+Y和D+B处理各层土壤含水量亦与CK无显著差异;D+D和D+S处理除在阶段降雨较多的2010年各层土壤含水量与CK无显著差异外,在阶段降雨较少的2008年、2009年和2011年60~200 cm层土壤含水量D+D和D+S处理均较CK显著降低,2008年分别降低6.4%和6.0%,2009年分别降低8.9%和7.5%,2011年分别降低10.2%和10.4%。

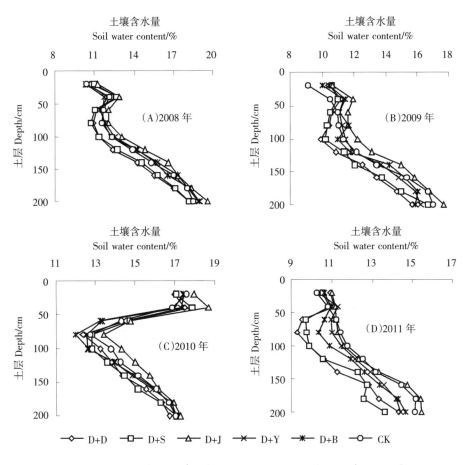

图2-6 2008—2011年玉米灌浆期不同处理0~200 cm各层土壤水分垂直变化

五、收获期 0~200 cm 土层土壤水分垂直变化

不同年份玉米收获期各处理土壤水分垂直变化如图 2-7,由于雨季降雨的补充,各年份收获期上层(0~100 cm)土壤含水量均较灌浆期显著增加,且各处理间差异减小。各年份土壤含水量均呈"升高—降低—升高"的变化趋势,其中 2008 年和 2009 年在 100~120 cm 层水分含量最低,2010 年在 160 cm 处最低,2011 年在 60~80 cm 处最低。

收获期各沟垄覆盖处理 0~20 cm 层土壤含水量较对照明显增高,D+J、D+Y 和 D+B 处理下其他各层含水量均与 CK 无显著差异。D+D 和 D+S 处理上层(0~100 cm)含水量与生育前期相比有所上升,略高于 CK 处理,但下层土

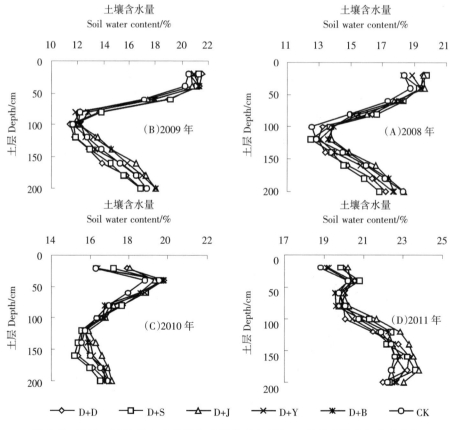

图 2-7　2008—2011 年玉米收获期不同处理 0~200 cm 各层土壤水分垂直变化

壤含水量（2008 年 120~200 cm 层、2009 年 100~200 cm 层和 2010 年 160~200 cm 层）略低于 CK。这是因为 D+D 和 D+S 处理下玉米成熟较早，后期对水分消耗较少，且较多降水使上层水分得到一定的补充，而对下层水分补充较少。2011 年 D+D 和 D+S 处理下层土壤含水量均略高于 CK，这与该年份灌浆至收获期丰富的降水（275 mm）对下层水分补偿较多有关。

第五节 沟垄集雨结合覆盖下不同土层土壤水分动态变化

由于沟内覆盖不同材料对水分的调节作用，使各处理不同土层土壤水分存在差异，年际动态变化随降雨量分布的不同而呈现不同规律。通过各处理土壤水分垂直分布的分析可将其土壤水分划分为 0~20 cm、20~60 cm 和 60~200 cm 三个层次来分析其动态变化（图 2-8，图中 1~5 分别代表玉米播种期、大喇叭口期、抽雄期、灌浆期和收获期）。各处理 0~20 cm 与 20~60 cm 土壤水分动态变化规律相似，主要受降雨量的影响较大，随阶段降雨量的高低呈现明显的起伏变化；60~200 cm 土壤水分动态变化受降雨影响较小，2008 年呈缓慢下降趋势，2009 年和 2010 年在玉米生长前期均略有上升，而中后期均呈缓慢下降的趋势，2011 年前中期缓慢下降，而后期急剧升高，这主要因为 2011 年玉米生长后期降雨太多，使下层土壤水分补充也很明显。

0~20 cm 土壤水分动态变化表明（图 2-8-A），在播种—大喇叭口期，地面裸露面积大，各沟垄覆盖处理的蓄墒效果显著，其中 D+J、D+D 和 D+S 处理显著高于 CK，4 年平均土壤蓄水量分别较 CK 显著提高 16.49%、11.15% 和 10.12%，D+Y 和 D+B 处理分别较 CK 提高 5.07% 和 4.40%，但差异不显著。在抽雄—灌浆期，随着玉米叶面积逐渐增大，封垄封行后，覆盖处理的保墒效果逐渐减弱，且受不同年份该时期阶段降雨量的影响，其抑蒸保墒效果不同：2008 年、2009 年和 2011 年，抽雄期 D+D、D+S、D+J、D+Y 和 D+B 处理 0~20 cm 层土壤蓄水量平均分别较 CK 提高 13.48%、10.96%、16.90%、9.04% 和 6.82%，而 2010 年，各处理土壤蓄水量稍高于 CK，但差异不显著。这主要由于 2008 年、2009 年和 2011 年该阶段降雨量较少（36.2 mm、32.6 mm 和 35.3 mm），而 2010 年阶段降雨较多（140.2 mm）。

20~60 cm 各处理土壤水分含量动态变化差异较小(如图 2-8-B)。在播种—大喇叭口期，各覆盖处理土壤蓄水量均高于对照（2011 年播种期除外)，其中 D+J 处理最高,4 年平均土壤蓄水量较 CK 显著提高 10.43%;D+D 和

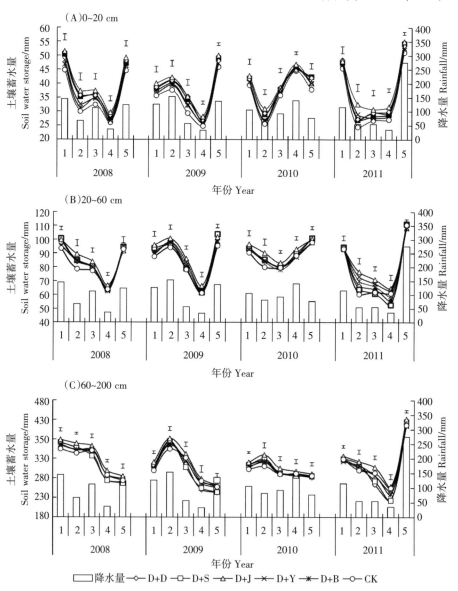

图 2-8　2008—2011 年玉米生育期各处理 0~20 cm、20~60 cm 和 60~200 cm 层次
土壤水分动态变化

D+S 处理分别较 CK 提高 5.28%和 5.30%。D+Y 和 D+B 处理分别较 CK 提高 5.71%和 4.95%，而 D+D、D+S、D+Y 和 D+B 处理与 CK 差异均不显著。在抽雄–灌浆期，2008 年、2009 年和 2010 年各处理土壤蓄水量均无差异；而在阶段降水最少的 2011 年灌浆期 D+D 和 D+S 处理土壤蓄水量较 CK 显著降低 8.37%和 13.64%，其他处理无差异。收获期，不同年份各处理间均无显著差异。

60~200 cm 土壤蓄水量变化表明（如图 2–8–C），在播种——大喇叭口期，4 年各覆盖处理 60~200 cm 层土壤蓄水量均高于 CK，其中 D+J、D+D 和 D+S 处理 4 年平均土壤贮水量分别较 CK 增高 6.74%（$P<0.05$）、4.12%和 3.88%（$P>0.05$）。抽雄——收获期，D+J、D+Y 和 D+B 处理土壤蓄水量略高于 CK，而 D+D 和 D+S 处理土壤蓄水量除在阶段降雨较多的 2010 年与 CK 无显著差异外，2008 年、2009 年和 2011 年土壤蓄水量均较 CK 显著降低，且在阶段降水较少的 2011 年更为明显。2008 年 D+D 和 D+S 处理分别较 CK 降低 3.60%和 4.42%（$P>0.05$），2009 年分别较 CK 显著降低 6.51%和 6.97%，2011 年分别较 CK 显著降低 11.30%和 10.77%。

从垂直分布和动态变化分析来看，各覆盖处理对玉米生育前期（播种——大喇叭期）土壤水分状况影响较大，其影响范围可达 200 cm 处，以 D+J 处理最为显著，D+D 和 D+S 处理次之；随着生育期的推进各覆盖处理对土壤水分的影响效果减弱，抽雄期 D+J 处理的影响范围可达 60~100 cm，D+Y 和 D+B 处理仅在 0~20 cm 处，而 D+D 和 D+S 处理抽雄期——灌浆期下层（60~200 cm）土壤含水量较 CK 显著降低；收获期随季节降雨的补充各处理间差异不显著。

第六节 讨论与结论

一、讨论

减少土壤水分的蒸发是旱作区农业生产的一项重要措施，沟垄集雨种植能收集微效降雨，有效阻止土壤水分蒸发，增加降雨入渗，利于土壤蓄水保墒，从而改善农田的水分状况（Li, et al., 2001；韩清芳等，2004；Wang, et al., 2009）。Ren, et al.（2008）的研究表明，垄覆地膜沟不覆盖的集雨种植处理在玉米全生育期 230 mm、340 mm 和 440 mm 降水量下 0~200 cm 土层平均土壤蓄水量较传统平作分别提高 2.3%、5.2%和 4.5%。本研究发现,D+D、D+S 和 D+J 处理土壤不仅显著高于 CK,且较 D+B 处理也具有更好的集水保墒效果。这表明,垄覆膜的沟垄集雨与沟内覆盖相结合能更有效地抑制土壤水分,加强集雨效果,从而显著改善种植区(沟内)土壤水分状况。这与 Li,et al.(2001)和 Wang,et al.(2009)的研究结果一致。

就不同处理而言,D+D、D+S 和 D+J 处理均比 D+Y、D+B 和 CK 处理具有较好的集雨和保墒效果,且以 D+J 处理表现最好。D+J 处理能改善玉米各生育时期土壤水分状况,以播前—抽雄期最为显著,且各层土壤蓄水量均最高,灌浆—收获期与其他各处理间差异减小,这可能与秸秆覆盖使玉米生育前期土壤温度降低,玉米生长发育较慢,耗水较少,而生育后期表现出较好的保墒和稳温效果,使植株个长势较大,耗水增多有关。D+D 和 D+S 处理显著改善玉米播前—大喇叭口期 0~200 cm 层土壤水分状况,但抽雄—灌浆期 60~200 cm 层土壤含水量低于 CK,这是由于生育前期 D+D 和 D+S 处理下土壤水温状况好,玉米生长快,随作物生长发育植株个体需水的增多,对土壤深层土壤水分利用较多(Jia,et al.,2006;Zhang,et al.,2011)。本研究还发现,D+D 和 D+S 处理土壤含水量始终低于 D+J 处理,其原因有两个方面:一方面,D+J 处理下土壤温度较低,玉米生长缓慢,耗水较少;另一方面,沟覆普通地膜或生物降解膜虽能抑制土壤水分蒸发,但在降雨较小的情况下,一些降雨可能从膜的表面直接蒸发,而不利于其接纳与入渗(Zhou,et al.,2009)。

王鑫等(2007)和乔海军(2007)研究表明,可降解地膜覆盖在玉米生育前期具有保水的显著效果。申丽霞等(2011)认为,与露地栽培相比,可降解地膜和普通地膜覆盖均能使玉米三叶期、拔节期和大喇叭口期 0~40 cm 土层的水分含量明显提高。而赵爱琴等(2005)报道,生物降解膜的保墒效果远不如普通地膜。本研究结果表明,D+S 处理能改善玉米生育前期 0~200 cm 土层土壤水分状况,其不同时期土壤水分垂直分布与动态变化均与 D+D 处理相似,且两处理间无显著性差异。杨青华等(2006)研究表明,液体地膜能提高农田土壤水分含量,但在本研究中,D+Y 与 D+B 处理土壤水分含量并未表现出显著差异,这可能跟液体地膜喷施于土壤表面容易受到外界环境条件的影响而受损有关(Mahmoudpour and Stapleton,1997)。

二、结论

1. 对 2009 和 2010 年未种植区不同沟垄覆盖材料的集雨保墒效果分析表明,在不考虑作物蒸腾耗水条件下,无论是降雨较多、蒸发较少的前期还是降雨较少、蒸发较多的中期,各沟垄种植处理均能较传统平作有效集蓄降雨、抑制土壤水分无效蒸发,从而显著改善土壤水分状况。

2. 2007—2011 年玉米生育期 0~200 cm 层蓄水量的分析表明,D+J 处理玉米各生育时期土壤蓄水量均最高,其中玉米播种期、拔节期、大喇叭口期和抽雄期土壤蓄水量与 CK 差异显著;D+D 和 D+S 处理显著提高播种前、拔节期和大喇叭口期土壤蓄水量,而抽雄期和灌浆期土壤蓄水量与 CK 无差异或显著低于 CK;D+Y 和 D+B 处理下大喇叭口期和抽雄期土壤水分较 CK 显著提高外,其他生育时期略高于 CK 或无差异。

3. 从 2008—2011 年玉米生育期 0~200 cm 层土壤水分垂直分布和动态变化来看,各沟垄覆盖处理对玉米生育前期(播种和大喇叭期)土壤水分状况影响较大,其影响范围可达 200 cm 处,以 D+J 处理最为显著,D+D 和 D+S 处理次之;随着生育期推进各覆盖处理对土壤水分的影响效果减弱,抽雄期 D+J 处理的影响范围可达 60 cm 处,D+Y 和 D+B 处理仅在 0~20 cm 处,而 D+D 和 D+S 处理抽雄—灌浆期下层(60~200 cm)土壤含水量较 CK 显著降低;收获期随季节降雨的补充各处理间差异不显著。

第三章　沟垄集雨结合覆盖对土壤温度的影响

　　土壤温度是土壤热状况的综合表征指标,是决定作物生育进程的主导因素。土壤温度状况极大地影响着土壤中植物和微生物的生命。多种因素诸如大气温度、近地面空气热平衡特征及土壤持水状况等均可影响土壤温度的分布。当土壤表层被不同覆盖物覆盖时,土壤表面在日间获得的太阳辐射因覆盖材料的不同而吸收、反射和透射的量大小各异,同时在作物的不同生育阶段内,因受作物覆盖度、日照时间及气温等因素的影响,使各处理对土壤温度的影响差异较大。

　　早春低温和生育期干旱胁迫是限制旱区作物增产的主要因素,沟垄集雨集合覆盖栽培技术在干旱半干旱地区的应用,改善了农业生产上干旱低温胁迫的危害。沟垄集雨覆盖增温效应的本质是由于近地表空气相对稳定且传导性低,地膜易于捕获太阳辐射,使土壤表层升温,并在膜下形成"温室效应"。与平作栽培相比,沟垄集雨覆盖具有作物生长前期低温季节增温、后期高温季节降温的双重效应,而且可以平缓地温在季节间和昼夜间的剧烈变化。然而不同的沟垄覆盖方式、覆盖材料、覆盖时期、作物种类、生长季节等对土壤温度的影响存在较大的差异。在水温条件差、大陆性气候变化强烈、气候生态条件特殊的黄土高原半干旱雨养农业区,旱地春玉米是较适宜种植的作物之一。然而,前人在西北旱作春玉米沟垄覆盖的调温效应方面的研究较少,而更多关注的焦点是沟垄覆盖的保墒效应。本研究以传统无覆盖的平作种植为对照,比较了不同沟垄集雨结合覆盖模式对土壤温度土层、日变化及生育期变化特征的影响,以期明确最优的黄土高原半湿润易旱区春玉米沟垄集雨结合覆盖栽培模式。

第一节　测定与方法

在每一处理沟中间或种植行间放置一套曲管水银温度计。从播种到收获期每隔 10 d 测定 8:00、14:00 和 20:00 土壤 5 cm、10 cm、15 cm、20 cm 和 25 cm 处的温度。三次读数的平均值作为土壤日均温度。在玉米各生育时期则连续监测 5 d(晴天)并取其平均值作为该生育时期的代表值。

第二节　沟垄集雨结合覆盖对不同土层土壤温度的影响

一、不同土层土壤温度日变化

玉米生育前期,玉米植株较小,地面裸露面积较大,不同覆盖材料对土壤温度影响效果显著,以 2009 年玉米苗期 8:00 至 18:00 不同土层土壤温度的日变化为例进行分析(图 3-1)。结果表明,各处理 5 cm 处土壤温度的日变化幅度影响最大,随土层的加深其变幅逐渐减弱,5 cm、10 cm、15 cm 和 20 cm 处土壤温度日变幅依次分别在 11.6~17.0℃、8.1~14.7℃、4.4~9.2℃之间,25 cm 处各处理日变幅仅在 1.8~3.3℃之间。5 cm 和 10 cm 土壤温度在

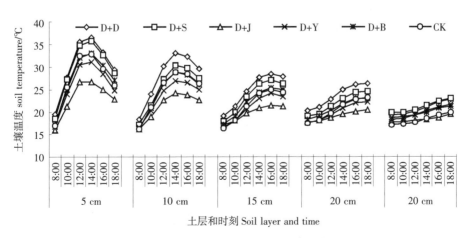

图 3-1　2009 年玉米苗期不同土层土壤温度日变化

14:00 达到最高值,随土层加深最高温出现时刻后移,15 cm 和 20 cm 处土壤温度在 16:00~18:00 达到最高值,25 cm 处各处理土壤温度日变化趋势缓慢,在测定时间内呈缓慢上升的趋势。

由于沟内覆盖材料的不同,各处理一天中土壤的升温和降温效果不同。各处理升温效果表现为 D+D>D+S>D+Y>D+B>CK>D+J,其降温效果表现为 D+Y>CK>D+B>D+S>D+D>D+J,升温和降温幅度均亦随土壤深度的增加而减弱。各处理 5 cm 和 10 cm 处土壤温度在 8:00~14:00 处于升温阶段,14:00 之后随太阳辐射的减弱,温度开始下降。D+D、D+S、D+J、D+Y、D+B 和 CK 处理在 5 cm 处的升温值分别为 17.0℃、16.6℃、11.6℃、16.0℃、15.7℃和 14.3℃,其降温值分别为 6.2℃、6.5℃、4.9℃、6.9℃、6.6℃和 6.8℃;在 10 cm 处 D+D、D+S、D+J、D+Y、D+B 和 CK 的升温值分别为 14.7℃、14.0℃、8.1℃、13.3℃、12.9℃和 11.3℃,降温值分别为 2.5℃、2.7℃、1.5℃、3.1℃、2.7℃和 2.9℃;15 cm 处土壤温度在 8:00~16:00 为升温阶段,D+D、D+S、D+J、D+Y、D+B 和 CK 的升温值 9.2℃、8.9℃、4.4℃、8.8℃、8.1℃和 7.7℃;20 cm 处土壤温度在 8:00~18:00 为升温阶段,其升温值依次分别为 6.4℃、6.0℃、2.7℃、5.7℃、4.8℃和 4.8℃;25 cm 处各处理的升温值分别为 3.3℃、3.0℃、1.8℃、2.8℃、2.5℃和 2.3℃。

不同土层土壤温度日变化观测结果表明,D+D 和 D+S 处理在一天中土壤的升温幅度大,而降温较慢,具有很好的增温保温效果。而液体地膜由于喷施后在地表形成一层黑色薄膜,一天中在升温阶段较对照吸热多,而降温阶段由于其地表裸露,降温幅度也较大,因此 D+Y 与 D+B 处理下土壤温度相差不大,均稍高于对照,但差异不显著。秸秆覆盖后在土壤表面形成了一道物理隔离层,使土壤温度较对照降低,D+J 处理下升温和降温幅度均最缓慢。

二、不同土层土壤温度动态变化

不同年份间各处理对各层土壤温度的影响效果相似,因此仅报道 2009 年玉米生育期不同土层土壤温度每 10 d 的时间变化(图 3-2)。D+D 处理下各层土壤温度较高,D+J 处理最低;D+S 处理对土壤温度的影响效果与 D+D 处理相似,各时期土壤温度均略低于 D+D 处理,但无显著差异;D+Y 和 D+B 处理各时期土壤温度变化相似,且前者略高于后者,各时期两者亦无显著差异。在 5 cm 处,D+D 和 D+S 处理土壤温度从播种到播后 70 d 显著高于 CK;D+Y

和 D+B 处理从播种到播后 60 d 高于 CK,而在播后 60~100 d 略低于 CK;D+J 处理土壤温度从播种到播后 100 d 均显著低于 CK;100 d 以后,各覆盖处理间土壤温度均无显著差异。10 cm 处土壤温度的时间变异与 5 cm 处规律相似,但是各处理间温度差异的变幅随土层的增加下降。D+Y 和 D+B 处理对 10 cm 以下土壤温度无显著影响。与 CK 相比,D+D 和 D+S 处理 5 cm 处土壤温度分别增加 1.1~4.4℃和 1.0~3.5℃,10 cm 处分别增加 0.9~2.9℃和 0.5~2.3℃,15 cm 处土壤温度分别增加 0.4~2.3℃ 和 0.1~1.6℃,20 cm 处分别增加

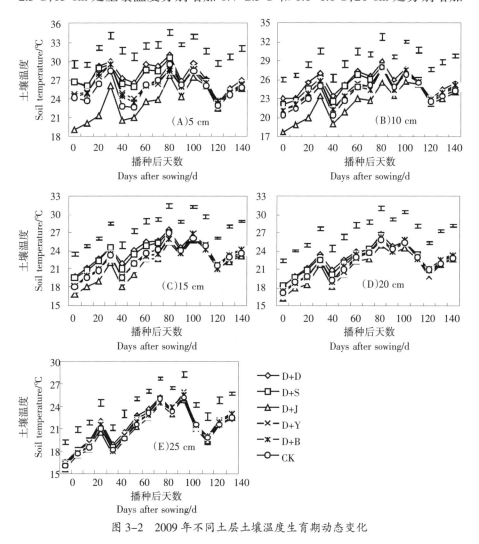

图 3-2　2009 年不同土层土壤温度生育期动态变化

0.2~1.5℃和0.0~1.3℃。与此相反,D+S处理5 cm、10 cm、15 cm和20 cm处土壤温度分别较CK降低1.2~5.0℃、0.7~2.5℃、0.1~1.8℃和0.1~1.1℃。25 cm层各处理间土壤温度在整个生长季均无显著差异。

第三节 沟垄集雨结合覆盖对不同生育期耕层土壤温度的影响

2007—2011年玉米不同生育时期各处理耕层5~25 cm平均土壤温度见表3-1。结果表明,不考虑土层深度的情况下,在生长早期(播种期、拔节期和大喇叭口期)由于作物覆盖度小不同覆盖处理对土壤温度的影响差异较大,随玉米生育期时间的推进(抽雄期、灌浆期和收获期)其影响效果减弱。2007—2011年玉米苗期D+D和D+S处理耕层平均温度分别较CK显著增高3.1℃和2.4℃,而D+J处理较CK显著降低1.9℃;D+Y和D+B处理耕层温度略高于CK但无显著差异;玉米拔节期D+D和D+S处理耕层平均温度分别较CK显著增高2.9℃和2.3℃,D+J处理较CK显著降低1.5℃;大喇叭口期D+D和D+S处理耕层平均温度分别较CK显著增高1.9℃和1.6℃,而D+J处理较CK显著降低1.3℃。D+Y和D+B处理玉米播种期至大喇叭口期土壤温度略高于CK但均无显著差异。抽雄期以后,除D+J处理土壤温度仍较低外,其他覆盖处理对土壤温度的影响效果减弱,土壤温度低于CK或无差异。D+J处理抽雄期和灌浆期耕层土壤平均温度分别较CK显著降低1.5℃和1.3℃,D+D和D+S处理抽雄期和灌浆期土壤平均温度分别较CK略有降低,但差异不显著,收获期各处理间均无显著差异。

从玉米全生育期耕层(5~25 cm)土壤平均温度来看,各处理土壤温度高低顺序表现为:D+D>D+S>D+Y>D+B>CK>D+J。各试验中D+D和D+S处理能显著提高耕层土壤温度且两者间均无显著差异,5年玉米全生育期5~25 cm平均土壤温度分别较CK显著增高1.4℃和1.0℃,而D+J处理使耕层土壤温度显著降低,4年平均较CK降低1.3℃,D+Y和D+B处理耕层土壤温度略高于CK,但无显著差异。

表 3-1 2007—2011 年不同处理对玉米不同生育期耕层(5~25 cm)土壤温度的影响

单位：℃

年份	处理	播种期	拔节期	大喇叭口期	抽雄期	灌浆期	收获期	生育期平均
2007	D+D	21.4a	26.3a	28.5a	26.6a	23.7a	18.0a	24.1a
	D+S	20.4b	25.0b	27.5b	26.0a	23.4a	17.9a	23.4b
	D+J	16.4e	22.4d	24.6e	24.7b	22.7b	17.4a	21.4d
	D+Y	18.9c	24.0c	26.3c	26.0a	24.0a	17.5a	22.8c
	D+B	18.4cd	23.6cd	26.0cd	26.4a	23.9a	17.5a	22.6c
	CK	17.6d	23.0d	25.5d	26.2a	23.8a	17.5a	22.3c
2008	D+D	20.7a	25.1a	26.9a	27.6a	25.8a	18.8a	24.0a
	D+S	19.4b	24.6a	26.7a	27.4a	25.5ab	18.6ab	23.7a
	D+J	15.4d	20.4c	23.8c	25.8b	24.8b	17.7b	20.9c
	D+Y	17.9c	22.6b	25.7b	27.2a	26.2a	18.2ab	22.7b
	D+B	17.4c	22.4b	25.5b	27.3a	26.0a	18.3ab	22.6b
	CK	17.4c	22.5b	25.3b	27.5a	26.3a	18.3ab	22.4b
2009	D+D	23.3a	24.5a	27.7a	29.0a	24.9ab	17.1a	24.2a
	D+S	22.9a	23.8a	27.1a	28.6a	24.8ab	16.8a	23.8ab
	D+J	19.1c	20.2c	24.1c	26.3b	24.1b	16.4a	21.9d
	D+Y	21.4b	22.4b	26.6ab	28.0a	25.7a	16.3a	23.2bc
	D+B	21.7b	22.3b	26.0b	28.0a	25.4a	16.4a	23.3bc
	CK	21.3b	22.0b	25.8b	28.4a	25.3a	16.4a	23.1c
2010	D+D	22.2a	25.7a	26.0ab	26.4a	26.7a	20.5a	24.6a
	D+S	22.0a	25.4a	26.2a	26.3a	26.2a	20.5a	24.4ab
	D+J	16.8c	20.6c	24.4c	25.4b	25.5b	19.9a	22.3d
	D+Y	20.5b	22.9b	25.5ab	26.3a	26.6a	20.2a	23.9bc
	D+B	20.1b	22.5b	25.7ab	26.1a	26.5a	20.2a	23.7c
	CK	19.5b	22.3b	25.3b	26.0a	26.3a	20.1a	23.5c

续表

年份	处理	播种期	拔节期	大喇叭口期	抽雄期	灌浆期	收获期	生育期平均
2011	D+D	22.7a	26.1a	26.6a	27.2b	25.4a	19.5a	24.7 a
	D+S	22.3a	25.9a	26.4a	27.3b	25.3a	19.3a	24.2 b
	D+J	17.9c	22.0c	22.8c	26.7c	24.4b	18.8b	21.8 d
	D+Y	19.7b	23.7b	24.9b	28.2a	25.6a	18.9b	23.4 c
	D+B	19.7b	23.4b	24.3b	27.9a	25.7a	19.0a	23.1 c
	CK	19.3b	23.3b	24.1b	28.5a	25.8a	19.0a	23.3 c
5年平均	D+D	22.1a	25.5a	27.1a	27.4a	25.3a	22.1a	24.4a
	D+S	21.4a	24.9a	26.8a	27.1a	25.0ab	21.4a	24.0a
	D+J	17.1c	21.1c	23.9c	25.8b	24.3b	17.1c	21.7c
	D+Y	19.7b	23.1b	25.8b	26.9ab	25.6a	19.7b	23.2b
	D+B	19.5b	22.8bc	25.5b	27.1a	25.5a	19.5b	23.1b
	CK	19.0b	22.6bc	25.2b	27.3a	25.5a	19.0b	23.0b

注:各列不同小写字母表示处理间差异显著($P<0.05$)。

第四节　讨论与结论

一、讨论

Laboski,et al.(1998)研究表明,0~30 cm 土层是玉米 85% 的根系分布区,而玉米根系发育的最适宜的温度范围是为 20~24℃。已有研究（任小龙等,2008a;段喜明,2006;Li,et al.,2001）表明,在起垄覆膜技术中,垄上覆盖的地膜的保温作用可通过土壤热传导来提高膜侧种植沟内的土壤温度,仅覆垄膜的集雨种植技术下仅可使沟内土壤温度提高 1℃左右。在本研究中,D+B 处理由于垄上覆盖地膜,在玉米生长早期的土壤温度较 CK 高 0.1~1.0℃,这与以往研究结果一致。

王月福等(2012)研究表明,覆盖措施对土壤温度有明显的提升作用,其趋势是表层增温效果大于深层、生长前期大于后期。地膜的增温效果类似于温室作用(王树森和邓根云,1991),地膜及其表面附着的水层对长波反辐射有削弱作用,使夜间温度下降减缓(Zhang,et al.,2005)。李月兴等(2011)对秸秆覆盖的研究表明,秸秆覆盖下土壤温度的变化随土层加深存在滞后现象,0~5 cm、5~10 cm 和 10~15 cm 层土壤温度的最低温度出现在 8:00,最高温度在 14:00,15~20 cm 和 20~25 cm 层的最低温度和最高温度分别出现在 10:00 和 16:00;秸秆覆盖土壤温度日变化趋势平缓。本研究不同土层土壤温度日变化的结果表明,不同沟垄覆盖处理对 5 cm 处土壤温度的影响最为显著,随土层的加深其影响效果逐渐减弱,5 cm 处土壤温度在 14:00 达到最高值,随土层加深最高温出现时刻后移,25 cm 处各处理土壤温度日变化趋势缓慢,在测定时间内呈缓慢上升的趋势。就不同处理而言,D+D 和 D+S 处理在一天中土壤升温幅度大于 CK,而降温幅度小于 CK,增温效果显著;D+Y 处理与 D+B 处理下土壤温度相差不大,其原因可能有:一方面与液体地膜喷施后易受环境影响而受损。另一方面,液体地膜喷施后在土表形成一层黑色薄膜,尽管白天升温阶段较对照吸热多,但降温阶段其地表也是裸露的,降温幅度也较大。Zhou,et a1. (2008)的研究表明,覆盖措施在作物生长前期和旱季对土壤表层地温调节效果明显,玉米进入抽穗吐丝期后,春玉米叶面积指数达到最大值后遮住地面,覆盖处理与对照的地温差异变小甚至低于对照。本研究结果表明,玉米出苗期至大喇叭口期 D+D、D+S 和 D+J 处理耕层平均温度分别较 CK 显著提高 1.6~2.9℃、1.4~2.3℃和-1.3~2.1℃,收获期各处理间均无显著差异。

当土壤表面被不同覆盖物覆盖时, 由于覆盖材料对太阳辐射的吸收、反射和透射性能不同, 因此不同覆盖下土壤表面获得的太阳辐射多少有别,造成对土壤温度的影响效果不同(员学锋,2006)。Subrahmaniyan 和 Zhou(2008)发现,在作物生长阶段透明地膜覆盖下土壤温度最高,其次为可降解地膜和黑色地膜覆盖,而秸秆覆盖下土壤温度低于不覆盖对照。地膜覆盖能阻止土壤和空气间的水分交换,同时降低土壤和空气间的热通量和热交换,从而使土壤温度明显提高(王树森和邓根云,1991)。赵久然(1990)测定表明,5 cm 层玉米整个生育期的平均土壤温度比裸地高 1.5~2.5℃,>10℃的积温增加 200~300℃。农田覆盖秸秆后在土壤表面形成一道物理隔离层,使秸秆覆盖下的土壤表面较裸地有较高的反射率和较低的热传导性，明显降低到达地面的太阳辐射能，从而降低土壤温度（Mahmoudpour and Stapleton，1997）。方日尧等（2003）在黄土高原的研究也表明，在秸秆覆盖下 10 cm 处土壤温度比不覆盖低 1.4~4.0℃。本研究结果表明，D+D 处理下玉米全生育期耕层平均土壤温度较 CK 显著提高 1.1~1.6℃，D+J 处理玉米全生育期耕层平均土壤温度较 CK 显著降低 1.1~1.5℃，这与以往研究结果一致。钱桂琴等（1997）表明，降解膜可使各层土壤温度增加 2.0~3.5℃，但地表温度增加不如普通地膜。本研究表明，D+S 处理对土壤温度的影响效果与 D+D 处理相似，但 D+S 处理各时期土壤温度均低于 D+D 处理，这可能跟生物降解膜的透光性较差有关（赵爱琴等，2005）。Immirzi，et al.（2009）发现液体地膜覆盖下的土壤温度低于聚乙烯地膜覆盖下的土壤温度，而与秸秆覆盖下的土壤温度相似。本研究也发现 D+Y 处理下土壤温度均低于 D+D 和 D+S 处理，这可能是因为液体地膜喷施于土壤表面时与土壤直接接触，而聚乙烯地膜下与土壤之间存在空气间隙层，这可能产生较高的土壤温度（Immirzi，et al.，2009）。另外，Schettini，et al.（2007）研究认为，聚乙烯地膜和生物降解膜覆盖产生的土壤温度高于液体地膜覆盖，这与聚乙烯地膜和生物降解膜具有较好的透光性和对太阳辐射较少的散射性有关。

二、结论

1. 不同沟垄覆盖处理对 5 cm 处土壤温度日变化的影响最为显著，且在 14:00 达到最高值；随土层的加深不同处理对土壤温度影响效应减弱，且最高温出现时刻后移。各处理升温效果表现为 D+D>D+S>D+Y>D+B>CK>D+J，其降温效果表现为 D+Y>CK>D+B>D+S>D+D>D+J，升温和降温幅度均亦随土壤深度的增加而减弱。

2. D+D 和 D+S 处理对耕层土壤温度的影响效果相似，对各层土壤温度均有明显影响；D+Y 和 D+B 处理各时期耕层土壤温度变化规律相似，且对 10 cm 以下土壤温度无显著影响。

3. 不同处理对土壤温度的影响随玉米生育期的推进而减弱。D+D、D+S 和 D+J 处理玉米播种期至大喇叭口期耕层平均温度分别较 CK 显著提高 1.6~2.9℃、1.4~2.3℃和−1.3~2.1℃，收获期各处理间均无显著差异；D+Y 和 D+B 处理土壤温度相差较小，均稍高于对照，但差异不显著。

第四章　沟垄集雨结合覆盖对土壤养分和酶活性的影响

　　黄土高原旱作区土壤贫瘠、抗蚀抗旱能力差，土壤水分不足严重限制作物对肥料的吸收和利用，作物水肥利用率低是该区旱作农业生产发展中面临的重要问题。适宜的土壤水分，不仅有利于土壤的形成和物质的矿化、分解、转化迁移等过程，而且有利于肥料中营养物质溶解和迁移，从而促进植物对肥料的吸收利用，改善作物的营养状况。田间微集雨种植能有效利用垄膜进行集雨保墒，改变降雨的时空分布，使降雨和肥料集中于种植沟中，利于作物对养分的吸收利用，从而提高作物的水肥利用效率。

　　沟垄集雨种植技术能改善土壤的水肥条件和酶及微生物活性，加快土壤有机质的矿化，使土壤养分有效性提高，这势必会影响到作物对养分的吸收利用。近年来，对沟垄集雨种植技术的研究主要集中在不同垄沟比、垄沟覆膜栽培方式、种植群体优化、配套节灌技术等方面，且研究年限较短。为此，本研究在渭北旱塬区连续五年设置不同沟垄集雨结合覆盖模式试验，探讨沟垄集雨结合覆盖模式下土壤肥力、酶活性及对作物生产力的影响，以期为该区进行培肥土壤环境及玉米高产栽培模式提供科学依据。

第一节　测定与方法

　　在研究期间，2007 年试验处理前和 2008—2011 年玉米收获时取沟垄种植沟内及常规平作种植行间土层 0~60 cm 土样，每 20 cm 取 1 个样，风干后土样分 3 份，分别过 20 目、40 目和 100 目筛，测定各不同处理下土壤养分含量及土壤酶活性。具体测定方法参照表4-1。

表 4-1 测定指标和方法

测定指标	测定方法
脲酶	靛酚蓝比色法(严昶升,1999),以 NH_3-N mg/g 24 hr 37℃为单位
磷酸酶	磷酸苯二钠法(关松荫等,1986),以酚 mg/g 24 hr 37℃单位
蔗糖酶	3,5-二硝基水杨酸比色法(关松荫等,1986),以葡萄糖 mg/g 24 hr 37℃为单位
有机质	重铬酸钾容量-外加热法(鲍士旦,2003)
全 N	用凯氏定氮法(Kjeldahl)测定(鲍士旦,2003)
全 P	浓硫酸-高氯酸-消解-钼锑抗比色法(鲍士旦,2003)
全 K	浓硫酸-高氯消煮-火焰光度法(鲍士旦,2003)
碱解氮	1.0 mol/L NaOH 碱解扩散-20 g/L H_3BO_3 溶液吸收法(鲍士旦,2003)
有效磷	0.5 mol/L(pH8.5)$NaHCO_3$ 浸提-钼锑抗比色法(鲍士旦,2003)
速效钾	1 mol/L(pH7.0)NH_4OAC 浸提-火焰光度法(鲍士旦,2003)

于 2007 年试验处理前及 2011 年作物收获后,在种植沟内用土钻按 5 点采样法分别采集各试验区 0~20 cm、20~40 cm 和 40~60 cm 层土样 500 g,装入自封袋中带回实验室风干、磨细,过 1 mm 和 0.25 mm 筛用于测定土壤有机质、碱解氮、有效磷、速效钾含量;同时取 0~20 cm 层土壤鲜样 200 g,装入自封袋中带回实验室立即放入 4℃冰箱中保存待测土壤酶活性。各指标测定方法参照表 4-1。

第二节 沟垄集雨结合覆盖对土壤养分年际变化的影响

作物对土壤养分的吸收与土壤水分状况密切相关,在黄土高原干旱半干旱地区,土壤水分不足,严重限制了作物对肥料的吸收和利用,导致肥料利用效率比较低。适宜的土壤水分,不仅有利于土壤物质的矿化、分解和转化等过程,而且还有利肥料中营养物质的溶解和迁移,从而促进植物吸收和利用肥料,改善作物的营养状况。沟垄覆盖集雨技术在可改善土壤水热状况,这必然会影响到作物对养分的吸收利用。

一、0~60 cm 层土壤养分含量的变化

表 4-2 为 2008—2011 年不同处理下 0~60 cm 土层土壤养分状况,不同处理对土壤速效养分的影响效果明显高于全效养分。各年份 D+J 和 D+Y 处理下土壤有机质和碱解氮含量均较 CK 增加, 以 D+J 处理最高,D+J 处理 4 年土壤有机质和碱解氮含量分别较 CK 平均增加 2.4% 和 6.0%,D+Y 处理土壤有机质和碱解氮含量分别较 CK 平均增加 2.0% 和 5.0%;D+D 和 D+S 处理其他年份土壤有机质和碱解氮含量均较 CK 略有降低,2008—2011 年平均土壤有机质含量分别较 CK 降低 2.9% 和 2.3%, 平均碱解氮含量分别较 CK 降低 7.4% 和 5.9%;D+B 处理不同年份土壤有机质和碱解氮含量均略高于CK,但无显著差异。

表 4-2　不同处理 0~60 cm 土壤养分状况

年份	处理	有机质 /(g·kg⁻¹)	碱解氮 /(mg·kg⁻¹)	速磷 /(mg·kg⁻¹)	速钾 /(mg·kg⁻¹)	全氮 /(g·kg⁻¹)	全磷 /(g·kg⁻¹)	全钾 /(g·kg⁻¹)
2008	D+D	10.08b	26.18c	3.10b	79.00c	0.63ab	0.54a	9.12a
	D+S	10.40ab	27.84bc	3.04b	82.55bc	0.61ab	0.54ab	9.22a
	D+J	10.71a	31.49a	3.63a	86.89ab	0.66a	0.58a	9.17a
	D+Y	10.80a	31.01a	3.21b	88.38a	0.64ab	0.55ab	9.29a
	D+B	10.53ab	29.26ab	3.19b	85.98ab	0.62ab	0.56ab	8.82a
	CK	10.43ab	29.23ab	2.88b	79.69c	0.59b	0.52b	8.87a
2009	D+D	10.69b	28.47b	2.50bc	98.36c	0.66a	0.60a	9.82ab
	D+S	10.77b	27.43c	2.35bc	101.26bc	0.68a	0.58a	9.64b
	D+J	11.03ab	30.25a	3.22a	110.99ab	0.69a	0.59a	10.24a
	D+Y	11.18a	30.46a	2.78b	112.15a	0.68a	0.58a	10.13a
	D+B	11.02ab	29.21ab	2.54bc	105.74b	0.66a	0.58a	9.85ab
	CK	11.01ab	29.22ab	2.23c	99.71bc	0.67a	0.56a	9.68b

续表

年份	处理	有机质 /(g·kg⁻¹)	碱解氮 /(mg·kg⁻¹)	速磷 /(mg·kg⁻¹)	速钾 /(mg·kg⁻¹)	全氮 /(g·kg⁻¹)	全磷 /(g·kg⁻¹)	全钾 /(g·kg⁻¹)
2010	D+D	9.48bc	22.03c	2.64b	95.98c	0.67ab	0.61a	10.15a
	D+S	9.28c	21.50c	2.68b	96.86c	0.67ab	0.60a	10.12a
	D+J	10.00a	27.57a	3.29a	109.85a	0.70a	0.61a	10.49a
	D+Y	9.88ab	26.65ab	2.88ab	106.20ab	0.70a	0.60a	10.46a
	D+B	9.78b	25.60ab	2.91ab	103.30b	0.65b	0.60a	10.23a
	CK	9.83ab	25.39b	2.12c	94.12c	0.68ab	0.59a	10.05a
2011	D+D	10.13b	36.08c	2.66bc	105.02c	0.67ab	0.61a	10.49a
	D+S	10.16b	37.76b	2.61bc	109.92c	0.68ab	0.60a	10.61a
	D+J	10.81a	39.73a	3.26a	144.67a	0.70a	0.60a	10.74a
	D+Y	10.52ab	39.61a	2.88ab	136.91a	0.69a	0.60a	10.79a
	D+B	10.30b	38.76b	2.80bc	121.77b	0.64b	0.61a	10.61a
	CK	10.30b	37.92b	2.40c	104.19c	0.63b	0.59a	10.42a

注:各列不同小写字母表示处理间差异显著($P<0.05$)。

各年份各覆盖处理 0~60 cm 层土壤有效磷含量均较 CK 增加,各处理 4 年平均土壤有效磷含量高低顺序依次为 D+J>D+Y>D+B>D+D>D+S>CK,其平均分别较 CK 平均增加 39.2%、22.0%、18.8%、13.2%和 10.9%。各沟垄覆盖处理不同年份土壤速效钾含量均高于 CK,4 年平均土壤速效钾含量处理高低次序依次为 D+J>D+Y>D+B>D+S>D+D>CK,其 D+J、D+Y、D+B 处理速效钾含量分别较 CK 平均增加 19.8%、17.5%、10.4%。试验期间,不同年份各处理 0~60 cm 土层全量养分状况如表 4-2 所示,各集雨处理土壤全氮、全磷和全钾含量均较对照增加,且各年份以 D+J 处理全氮含量最高,2008—2011 年 0~60 cm 层 D+D、D+S、D+J、D+Y 和 D+B 处理土壤全氮含量平均分别较 CK 增加 2.2%、2.6%、6.4%、5.4%和 0.9%,全磷含量平均分别增加 4.3%、2.9%、5.4%、2.9%和 3.6%,全钾含量平均分别增加 3.1%、2.7%、5.4%、5.2%和 1.4%。

二、不同土层土壤有机质含量的变化

土壤有机质的含量多少是衡量农田土壤质量好坏的一项重要指标。农田覆盖处理是通过降低水土流失,保护表层土壤养分,同时通过影响土壤水分含量动态以及土壤的热量状况进而影响着土壤酶的活性,从而影响着土壤有机质的分解转化与含量水平。

表 4-3　不同处理 0~60 cm 层土壤有机质含量

单位:g/kg

土层	处理	2008	2009	2010	2011
0~20 cm	D+D	13.72b	14.39c	12.60c	13.08b
	D+S	13.76b	14.34c	12.64c	13.02b
	D+J	14.32ab	15.44a	13.54a	14.51a
	D+Y	14.60a	15.33a	13.26ab	14.12a
	D+B	14.41a	14.68b	13.17b	13.13b
	CK	14.30a	14.54bc	13.19b	13.03b
20~40 cm	D+D	9.03b	10.55b	9.80b	11.07b
	D+S	9.97a	10.76ab	8.97c	11.20ab
	D+J	10.23a	10.24c	9.79b	11.66a
	D+Y	10.33a	10.77ab	9.81b	11.07b
	D+B	10.17a	10.61ab	10.25ab	11.45a
	CK	10.15a	10.99a	10.69a	11.72a
40~60 cm	D+D	7.49a	7.14b	6.05b	6.23a
	D+S	7.46a	7.21ab	6.24ab	6.27a
	D+J	7.58a	7.41ab	6.68a	6.23a
	D+Y	7.48a	7.44ab	6.28ab	6.36a
	D+B	7.00a	7.38b	5.88c	6.33a
	CK	6.83b	7.50a	5.60c	6.16a

注:各列不同小写字母表示处理间差异显著($P<0.05$)。

由表 4-3 可知，不同年份 D+J 和 D+Y 处理 0~20 cm 层土壤有机质含量均较 CK 明显增加，且在 2009 年、2010 年和 2011 年与 CK 差异显著，2008—2011 年 0~20 cm 平均土壤有机质含量分别增加 5.0% 和 4.1%；D+D 和 D+S 处理土壤有机质含量较 CK 降低，且在 2008 年和 2010 年与 CK 差异显著，2008 年分别较 CK 降低 4.1% 和 3.8%，2010 年分别降低 4.5% 和 4.2%；但 D+B 与 CK 处理差异不显著。20~40 cm 层，各沟垄覆盖处理的土壤有机质含量均低于 CK，D+D、D+S、D+J、D+Y 和 D+B 处理 4 年土壤有机质含量分别较 CK 平均降低 7.1%、6.8%、3.7%、3.6% 和 2.5%。40~60 cm 层，各沟垄处理土壤有机质含量以 D+J 和 D+Y 处理较高，4 年平均较 CK 分别显著增加 6.9% 和 5.6%；D+D 和 D+S 处理次之，分别较 CK 显著增加 3.1% 和 4.2%；D+B 处理比 CK 略有增加，但差异不显著。

三、不同土层土壤碱解氮含量的变化

土壤碱解氮含量的高低可以用来衡量土壤的供氮强度，因此选用土壤碱解氮指标可以表征不同沟垄覆盖措施对土壤供氮能力的影响。

表 4-4 是 2008—2011 年不同处理下 0~60 cm 土层土壤碱解氮含量的变化情况。0~20 cm 土层各年份土壤碱解氮含量以 D+J 处理最高，且在 2009 年、2010 年和 2011 年与 CK 差异显著，2008—2011 年 0~20 cm 平均土壤碱解氮含量增加 11.7%；D+Y 处理次之，4 年分别平均较 CK 显著增加 9.9%；D+D 和

表 4-4　不同处理下不同土层碱解氮含量

单位:mg/kg

土层	处理	2008	2009	2010	2011
0~20 cm	D+D	38.71c	41.48c	34.58d	48.74b
	D+S	40.66bc	41.27c	34.23d	50.05b
	D+J	47.51a	47.24a	46.93a	54.51a
	D+Y	48.10a	46.59ab	45.13a	53.28a
	D+B	44.37b	43.68bc	41.85bc	52.49ab
	CK	43.04b	42.47bc	39.05c	52.06ab

续表

土层	处理	2008	2009	2010	2011
20~40 cm	D+D	23.62c	26.33ab	17.33c	39.11b
	D+S	25.23bc	25.86b	17.68c	39.50b
	D+J	27.60a	27.36ab	21.70b	39.20b
	D+Y	26.47ab	27.90a	21.88a	40.25b
	D+B	26.71ab	27.64a	21.23ab	40.25b
	CK	27.85a	28.39a	22.08ab	42.63a
40~60 cm	D+D	16.22b	17.59ab	14.18a	20.40bc
	D+S	17.62ab	15.16 b	12.60a	23.73ab
	D+J	19.35a	16.16ab	14.08a	25.48a
	D+Y	18.46ab	16.89ab	12.95a	25.30a
	D+B	16.71ab	16.31ab	13.73a	23.55ab
	CK	16.79ab	16.79ab	15.05a	19.08c

注:各列不同小写字母间差异显著($P<0.05$)。

D+S 处理土壤碱解氮含量分别较 CK 显著降低,4 年平均较 CK 降低 7.4%和 5.9%;D+B 处理在不同年份均略高于 CK,但差异不显著。20~40 cm 土层,各覆盖处理土壤碱解氮含量均低于 CK,且以 D+D 和 D+S 处理最为显著,不同处理碱解氮含量高低顺序依次为 CK>D+Y>D+J>D+B>D+S>D+D,各覆盖处理土壤碱解氮含量依次分别较 CK 平均降低 3.7%、4.2%、4.3%、10.5%和 12.0%。40~60 cm 土层,各覆盖处理间土壤碱解氮含量以 D+J 和 D+Y 处理较高,4 年平均分别较 CK 显著增加 10.9%和 8.7%,D+D、D+S 和 D+B 处理与 CK 差异显著。

四、不同土层土壤有效磷含量的变化

土壤有效磷是衡量土壤供磷能力的重要指标。2008—2011 年不同沟垄覆盖处理下 0~20 cm 土层土壤有效磷含量均较传统平作明显增加(表 4-5)。

在 0~20 cm 土层,D+J 处理土壤有效磷含量最高,2008—2011 年平均土壤有效磷较 CK 显著增加 56.3%;其次为 D+Y 和 D+B 处理,4 年平均土壤有效磷分别较 CK 显著提高 29.6%和 28.6%;D+D 和 D+S 处理 2008 年土壤有

表 4–5　不同处理下不同土层有效磷含量

单位:mg/kg

土层	处理	2008	2009	2010	2011
0~20 cm	D+D	5.09bc	5.17b	5.17b	5.17b
	D+S	5.03bc	5.03b	5.32b	4.98b
	D+J	6.20a	6.81a	6.48a	6.66a
	D+Y	5.24b	5.78a	5.54ab	5.12b
	D+B	5.14b	5.23b	5.92ab	5.23b
	CK	4.61c	4.25c	3.68c	4.19c
20~40 cm	D+D	2.65a	1.27ab	1.36bc	1.27c
	D+S	2.52a	1.08b	1.27c	1.46bc
	D+J	2.82a	1.55a	1.74a	1.94a
	D+Y	2.76a	1.38ab	1.58ab	1.66ab
	D+B	2.77a	1.27ab	1.37bc	1.46bc
	CK	2.76a	1.46a	1.66a	1.85a
40~60 cm	D+D	1.57a	1.05a	1.39ab	1.48ab
	D+S	1.56a	0.95a	1.32ab	1.39ab
	D+J	1.88a	1.30a	1.65a	1.74a
	D+Y	1.64a	1.18a	1.53a	1.62a
	D+B	1.67a	1.11a	1.45aab	1.55ab
	CK	1.47a	0.98a	1.01b	1.28b

注:各列不同小写字母表示处理间差异显著($P<0.05$)。

效磷含量均略高于 CK,差异不显著,其他年份均显著高于 CK,4 年平均土壤有效磷含量分别较 CK 增加 23.1%和 21.7%。20~40 cm 土层,各年份土壤有效磷含量 D+J 处理略高于 CK,4 年平均较 CK 提高 4.1%;其他处理较 CK 降低,且以 D+D 和 D+S 处理较为显著,D+Y、D+B、D+D 和 D+S 处理土壤有效磷含量分别较 CK 平均降低 4.5%、11.1%、15.3%和 18.1%。40~60 cm 土层,不同年份各覆盖处理土壤有效磷含量均略高于对照,其中 D+J 处理最高,D+Y 和

D+B 处理次之,处理间差异均不显著。

五、不同土层土壤速效钾含量的变化

速效钾指吸附于土壤胶体表面的代换性钾和土壤溶液中的钾离子。土壤速效钾的含量是衡量土壤供钾能力的重要指标,决定当季植物钾的营养水平。

表 4-6 不同处理下不同土层速效钾含量

单位:mg/kg

土层	处理	2008	2009	2010	2011
0~20 cm	D+D	112.73b	151.93bc	138.83b	161.74c
	D+S	114.19b	157.18bc	139.33b	179.44c
	D+J	124.73a	185.67a	165.49a	274.93a
	D+Y	122.47a	188.97a	164.49a	253.29a
	D+B	118.33ab	170.50b	148.8a	215.38b
	CK	101.59c	148.98c	123.28c	156.82c
20~40 cm	D+D	65.56c	81.01c	83.03ab	88.96b
	D+S	72.84b	83.79b	84.06ab	86.83b
	D+J	75.89ab	82.90b	89.04a	88.80b
	D+Y	77.69a	83.57b	82.03b	87.98b
	D+B	77.09a	83.04b	88.01a	87.49b
	CK	78.68a	88.02a	89.01a	93.35a
40~60 cm	D+D	58.72b	62.13a	66.08b	64.37b
	D+S	60.61b	62.81a	67.18b	63.49b
	D+J	60.06b	64.41a	75.03a	70.28a
	D+Y	64.99a	63.90a	72.07a	69.46a
	D+B	62.53ab	63.67a	73.10a	62.44b
	CK	58.79b	62.14a	70.07ab	62.41b

注:各列不同小写字母表示处理间差异显著($P<0.05$)。

如表 4-6 所示,各年份不同沟垄覆盖处理 0~20 cm 土层土壤速效钾含量均显著高于对照,以 D+J 和 D+Y 处理最为显著,2008—2011 年土壤速效钾含量分别显著较 CK 平均增加 41.5%和 37.4%;其次为 D+B 处理,较 CK 平均增加 23.1%;D+D 和 D+S 处理平均分别较 CK 增加 6.5%和 11.2%。20~40 cm 土层,不同年份各沟垄覆盖处理土壤速效钾含量均低于 CK,以 D+D 和 D+S 处理最为显著,D+D、D+S、D+J、D+Y 和 D+B 处理 2008—2011 年土壤速效钾含量分别较 CK 平均降低 8.7%、6.2%、3.6%、5.1%和 3.8%。40~60 cm 土层,D+J 和 D+Y 处理土壤速效钾含量较高外,各覆盖处理与 CK 无显著差异。

六、0~40 cm 层土壤有机碳、全氮含量的变化

在本研究中,2008—2011 年各处理 0~40 cm 层土壤有机碳含量差异均不显著(表 4-7)。 在 2008—2009 年,与传统平作相比,D+D 和 D+S 处理下的土壤有机碳含量呈下降趋势,而在 2010—2011 年 D+D 和 D+S 处理下土壤有机碳含量较 CK 略有增加。D+J 和 D+Y 处理的土壤有机碳含量平均分别较 CK 提高 3.8%和 1.9%,但在 4 个生长季中,D+D 和 CK 处理之间无显著差异。各试验年份,各处理土壤全氮含量均呈现增加趋势,但各处理间土壤全氮含量差异不显著(表 4-7)。6 个处理土壤全氮含量排序为:D+J>D+Y>D+D≈D+S>D+B≈CK。土壤碳氮比在 4 年玉米生育期呈下降趋势(表 4-7)。各处理的土壤碳氮比在 2010 年最低,而在 2008 年最高。6 个处理的碳氮比高低次序依次为:CK>D+B>D+J>D+Y≈D+S>D+D,各处理间无显著差异。

表 4-7　不同处理下 0~40 cm 层土壤有机碳、全氮含量及碳氮比

指标	处理	2008	2009	2010	2011
土壤有机碳 /(g·kg⁻¹)	D+D	5.85b	6.20b	5.50bc	6.08a
	D+S	6.03ab	6.25b	5.38c	6.12a
	D+J	6.30a	6.50a	5.80a	6.27a
	D+Y	6.26a	6.44a	5.73ab	6.00a
	D+B	6.06ab	6.33ab	5.67b	5.97a
	CK	6.05ab	6.30ab	5.65ab	5.97a

续表

指标	处理	2008	2009	2010	2011
土壤全氮 /(g·kg⁻¹)	D+D	0.63ab	0.66a	0.67ab	0.67ab
	D+S	0.61ab	0.68a	0.67ab	0.68ab
	D+J	0.66a	0.69a	0.70a	0.70a
	D+Y	0.64ab	0.68a	0.70a	0.69a
	D+B	0.62ab	0.66a	0.65b	0.64b
	CK	0.59b	0.67a	0.68ab	0.63b
碳氮比	D+D	9.29b	9.39a	8.21a	9.07b
	D+S	9.89a	9.19a	8.03a	9.00b
	D+J	9.55b	9.42a	8.29a	8.96ab
	D+Y	9.78ab	9.47a	8.19a	8.70ab
	D+B	9.77a	9.59a	8.72a	9.33a
	CK	10.25a	9.40a	8.31a	9.48a

注:各列不同小写字母表示处理间差异显著($P<0.05$)。

第三节　沟垄集雨结合覆盖对土壤肥力的影响

由图 4-1a 可知,0~60 cm 土层,2011 年玉米收获期沟垄集雨结合覆盖模式下土壤有机质含量与 2007 年试验处理前相比显著增加,增幅达 3.5%~11.5%,其中,D+J 和 D+Y 处理土壤有机质含量分别较处理前显著增加 11.5% 和 9.0%;而 D+B 和 CK 处理土壤有机质含量与试验处理前相比却有所下降,降幅为 2.1%~4.1%。40~60 cm 土层,2011 年玉米收获期各处理土壤有机质含量较 2007 年处理前有所降低,降幅为 0.4%~6.5%,差异不显著。D+D、D+S、D+J、D+Y 处理 0~40 cm 层平均土壤有机质含量分别较 CK 处理显著提高 8.0%、9.7%、16.3% 和 13.7%,而 40~60 cm 层各处理间差异不显著。

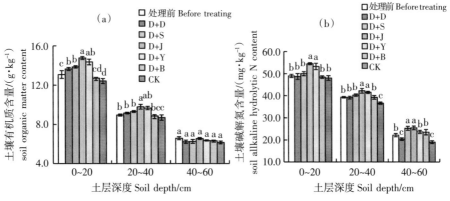

图 4-1　不同处理 0~60 cm 土层土壤有机质和碱解氮含量

沟垄集雨结合覆盖模式下 0~60 cm 层土壤速效养分含量不同。2011 年收获后各处理土壤碱解氮含量与 2007 年处理前相比存在差异，且随土层的加深而降低(图 4-1b)。0~60 cm 层土壤碱解氮含量 D+S、D+J、D+Y 处理与处理前相比增加 4.6%~10.6%，其中 D+J 处理增加显著。而 D+B、CK 处理与 2007 年处理前相比有所降低,其中 CK 处理显著降低 10.2%。0~20 cm 层,D+J 和 D+Y 处理土壤碱解氮含量较 CK 分别显著增加 13.4%和 10.9%;D+D 和 D+S 处理土壤碱解氮含量均略高于 CK。20~40 cm 层,各沟垄集雨结合覆盖处理土壤碱解氮含量均显著高于 CK,D+D、D+S、D+J、D+Y 和 D+B 处理土壤碱解氮含量分别较 CK 提高 6.8%、9.9%、15.2%、13.3%和 7.2%。40~60 cm 土层,各沟垄集雨结合覆盖处理土壤碱解氮含量均高于对照,以 D+J 和 D+S 处理最为显著。

2011 年玉米收获期各处理下 0~60 cm 土层土壤有效磷含量均较 2007 年试验处理前明显增加,且随土层的加深而降低(图 4-2a)。沟垄集雨结合覆盖各处理 0~40 cm 土壤有效磷含量均较 2007 年试验处理前显著增加 33.6%~53.8%,而传统平作处理与处理前增幅不显著。40~60 cm 土层,沟垄集雨结合覆盖各处理土壤有效磷含量较处理前增加 3.7%~29.9%，其中以 D+J、D+Y、D+B 处理最为显著,而传统平作处理与处理前略有降低,差异不显著。在 0~20 cm 层,D+J 处理土壤有效磷含量最高,较 CK 显著增加 41.8%;其次为 D+D、D+S 和 D+Y 处理,均显著高于 CK,分别较 CK 增加 23.4%、24.8%和 22.2%。20~40 cm 层,各沟垄集雨结合覆盖处理土壤有效磷含量均高于 CK,D+S、D+J

和 D+Y 处理分别较 CK 显著增加 43.4%、45.7% 和 47.4%。40~60 cm 层,各沟垄集雨结合覆盖处理土壤有效磷含量均高于对照,其中 D+J、D+Y 和 D+B 处理均显著高于 CK,而 D+D、D+S 处理均与 CK 差异不显著。

如图 4-2b 所示,2011 年玉米收获期各处理 0~20 cm 土层土壤速效钾含量均显著高于 2007 年试验处理前,增幅为 16.2%~69.1%。20~60 cm 层土壤速效钾含量略高于 2007 年试验处理前 2.7%~9.0%,无显著差异。D+J 和 D+Y 处理 0~20 cm 土层土壤速效钾含量分别较 CK 显著增加 75.3% 和 61.5%;D+B、D+S 和 D+D 处理较 CK 分别增加 14.4%、8.4% 和 3.1%;20~40 cm 层,2011 年各沟垄集雨结合覆盖处理土壤速效钾含量均略低于 CK;40~60 cm 土层,各沟垄集雨结合覆盖处理均高于 CK,且以 D+J 和 D+Y 处理最为显著。

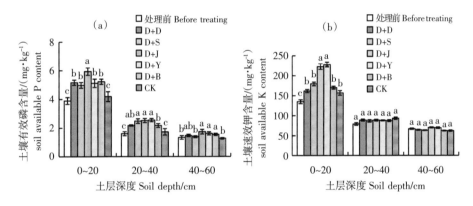

图 4-2　不同处理 0~60 cm 土层土壤有效磷和速效钾含量

第四节　沟垄集雨结合覆盖对土壤酶活性的影响

土壤酶是土壤的组成部分之一,它是一种生物催化剂,参与了土壤中的各种生物化学过程,它不仅能反应土壤生物活性的高低,又能表征土壤养分转化的快慢,在一定程度上能反映土壤肥力状况。脲酶是一种将酰胺态有机氮化物水解转化为植物可以直接吸收利用的无机氮化物的酶,其活性与土壤供氮能力有密切的关系,对施入土壤氮的利用率影响很大。磷酸酶能促土壤中有机磷化合物水解,生成能为植物所利用的无机态磷,对土壤磷素的有效性具有重要作用。蔗糖酶又名转化酶,它对增加土壤中易溶性营养物质起着重要的作用,是土壤中参与碳循环的一种重要的酶,被广泛用于表征土壤中生物化学过程的动向与强度。

2008—2011 年玉米收获期不同处理表层(0~20 cm)土壤脲酶、磷酸酶和蔗糖酶活性如表 4-8 所示。各年份 D+J 和 D+Y 处理土壤脲酶活性均高于 CK,4 年平均较 CK 显著提高 11.1%和 7.2%;D+B 处理各年份土壤脲酶活性

表 4-8   2008—2011 年不同处理 0~20 cm 土层土壤酶活性

土壤酶	处理	2008	2009	2010	2011
脲酶 [NH$_3$–N/(mg·g^{-1})]	D+D	10.93bc	11.44c	9.55b	10.28b
	D+S	10.90bc	11.59bc	9.42b	10.42b
	D+J	12.71a	13.48a	10.56a	11.93a
	D+Y	12.04ab	13.16a	10.24ab	11.53a
	D+B	11.82a	12.02b	10.07ab	10.62b
	CK	11.30bc	12.01b	10.03ab	10.48b
磷酸酶 [酚/(mg·g^{-1})]	D+D	3.42b	2.85ab	2.18b	2.40b
	D+S	3.47b	2.88ab	2.21ab	2.23bc
	D+J	3.80a	2.97a	2.43a	2.80a
	D+Y	3.84a	2.67b	2.32a	2.44ab
	D+B	3.70a	2.72b	2.23ab	2.35b
	CK	2.56c	1.95c	1.76c	2.01c
蔗糖酶 [葡萄糖/(mg·g^{-1})]	D+D	5.17b	4.41ab	5.98a	4.56a
	D+S	5.23ab	4.44ab	5.93a	4.59a
	D+J	5.59a	4.64a	6.30a	4.79a
	D+Y	5.30ab	4.46a	6.11a	4.57a
	D+B	5.14ab	4.36ab	6.19a	4.49a
	CK	5.06b	4.27b	5.55b	4.53a

注:各列不同小写字母表示处理间差异显著($P<0.05$)。

略高于 CK，差异不显著。D+D、D+S 处理各年份土壤脲酶活性略低于 CK，2008—2011 年平均较 CK 降低 3.7%和 3.4%；试验期间，不同处理土壤磷酸酶活性均显著高于对照，以 D+J 处理最高，土壤磷酸酶活性 4 年平均较 CK 提高 44.9%；其次为 D+Y 和 D+B 处理，土壤磷酸酶活性分别较 CK 平均提高 36.1%和 32.9%；D+D 和 D+S 处理分别较 CK 提高 31.0%和 30.3%。不同处理各年份土壤蔗糖酶活性均较 CK 提高，且以 D+J 处理最为明显，4 年平均较 CK 提高 9.8%；D+Y 次之，较 CK 提高 5.3%；D+D、D+S 和 D+B 处理分别较 CK 提高 3.6%、4.0%和3.9%，处理间无差异。

表 4-9 为不同处理 0~20 cm 层土壤脲酶、磷酸酶和蔗糖酶活性。2011 年玉米收获期，沟垄覆盖 D+D、D+S、D+J 和 D+Y 处理下 0~20 cm 层土壤酶活性均较 2007 年试验处理前显著提高，而 D+B 和 CK 处理较处理前略有降低，但差异不显著。

表 4-9　不同处理下 0~20 cm 土层土壤酶活性变化

年份	处理	脲酶 $[NH_3-N/(mg \cdot g^{-1} \cdot d^{-1})]$	磷酸酶 $[酚/(mg \cdot g^{-1} \cdot d^{-1})]$	蔗糖酶 $[葡萄糖/mg \cdot g^{-1} \cdot d^{-1})]$
2007	处理前	9.42±1.06c	2.28±0.10bc	3.60±0.58b
2011	D+D	10.42±0.62b	2.44±0.45ab	4.56±0.62a
	D+S	10.48±1.42b	2.35±0.14b	4.69±0.74a
	D+J	11.93±2.13a	2.80±0.26a	4.79±0.36a
	D+Y	11.53±1.87a	2.40±0.48b	4.57±0.65a
	D+B	9.32±0.98c	2.23±0.62bc	3.55±0.37b
	CK	9.28±1.15c	2.01±0.86c	3.53±0.48b

注：各列不同小写字母表示处理间差异显著（$P<0.05$）。

土壤脲酶活性 D+J、D+Y、D+D 和 D+S 处理分别显著高于 CK 处理 16.1%、12.2%、12.3%和 12.9%，而 D+B 处理略高于 CK，差异不显著。不同处理土壤磷酸酶活性均显著高于对照，以 D+J 处理最高，较 CK 提高 39.3%；其次为 D+D、D+S 和 D+Y 处理，分别较 CK 显著提高 21.4%、16.9%和 19.4%；D+B 处理较 CK 提高 10.9%，差异不显著。不同处理土壤蔗糖酶活性均较对照提高,且以 D+J 处理最高,较 CK 提高 5.7%;D+S 处理次之,较 CK 提高 3.5%;D+D、D+Y 和 D+B 处理较 CK 略有提高,差异不显著。

第五节 讨论与结论

一、讨论

土壤速效性养分主要来源于有机质的矿质化,其含量受有机质本身碳氮比、温度、湿度等诸多因素的影响,易变性强(盛建东等,2005;杨云马等,2005;王恩姐和陈祥伟,2007)。微集水种植农田土壤速效养分含量的变化主要是三个方面的原因共同作用的结果。首先,因为微集水种植的集水集肥效果,增加了种植沟中肥料的施肥量,从而使其养分的含量增加;其次,由于微集水种植农田改善了作物的水分环境,促进作物对土壤养分的吸收利用,从而使土壤养分含量相对减少;最后,由于微集水农田改变了降水的空间分布,增加种植沟中土壤水分含量,从而使土壤中养分随水分向深层流失量增加。任小龙等(2007)研究表明,在夏玉米全生育期 230 mm、340 mm 和 440 mm 雨量下,由于微集水种植的集水集肥效果,可使沟内种植区耕层土壤速效养分含量明显增加,其增幅大小随雨量不同而异。本研究中 D+B 处理 2007—2011 年 0~60 cm 层土壤有机质、碱解氮、有效磷和速效钾含量分别较 CK 平均增加 0.7%、3.1%、17.2% 和 9.64%,与以往研究结果一致。

土壤有机碳对维持土壤养分库和提高养分有效性具有重要意义,因此,土壤有机碳的平衡是雨养农业生态系统可持续性的主要指标之一(Lal,2006;Zhao,et al.,2006)。在本研究中,D+D 处理的土壤有机碳含量在 2~3 年内略有下降,而在 4~5 年内呈现上升趋势。这是由于沟垄覆盖较好的土壤水温微环境增加了土壤有机碳的矿化,促进了根系生长,根碳输入的增加从而抵消了这一现象(Wang,et al.,2014,2016)。另一方面,D+D 处理改善的土壤水热条件促进了玉米的生长,根系生物量的增加也极大提高了土壤有机碳储量(Wang,et al.,2016)。Huo,et al.(2017)通过为期 4 年的研究发现,覆膜可在不降低土壤有机碳含量的情况下保持较高的作物生产力。在本研究中,也得到类似的结果。在 D+J 和 D+Y 处理下土壤有机碳含量略高于 CK,而所有沟垄覆盖处理的碳氮比都略有下降,通常是由于土壤水热平衡的改善,加速土壤有机氮的矿化(Jin,et al.,2014;Li,et al.,2020)。

不同覆盖材料其自身养分含量和形态及试验期间降解程度的不同从而影响土壤中养分含量及分布。覆盖普通地膜的集雨栽培,在一定程度上能够增加表层(0~20 cm)土壤中有效养分含量,在玉米整个生育期生物降解地膜和普通地膜处理的土壤养分含量均高于对照,而两覆膜处理间差异不大(王星等,2003),这与本研究结果"垄覆地膜+沟覆生物降解地膜(D+S)与垄覆地膜+沟覆普通地膜处理(D+D)能增加土壤养分含量,尤其对表层养分的含量效果明显"相似。这主要由于在覆膜栽培条件下,氮素的矿化作用加强,微生物的固定作用减弱,使土壤中有机氮矿化速率增加,造成矿质氮的大量累积,同时微集水种植模式也显著增加了磷、钾的累积(李华,2006)。作物秸秆含有大量有机质和植物生长所必需的氮、磷、钾及其他微量元素,对土壤有机质和速效养分的影响较大,随着土壤深度增加而逐渐降低(巩杰等,2003)。起垄覆膜技术增加了表层土壤水分含量,减弱了土壤表层养分随水分向更深层的流失作用,促进了土壤中有效养分的转化(任小龙等,2010),使垄覆地膜+沟覆秸秆处理(D+J)表层土壤有机质、碱解氮、有效磷和速效钾含量均较传统平作处理显著增加。本试验中垄覆地膜+沟覆液态地膜处理(D+Y)表层土壤有机质、碱解氮、有效磷和速效钾含量亦较传统平作明显增加,这是由于液态地膜是以腐殖酸和植物秸秆等生物质为主要原料,经过农田覆盖可降解为腐殖酸类有机肥、水和二氧化碳(陈伟通等,2010),从而成为土壤养分的一部分。因此,液态膜覆盖可明显提高土壤浅层(0~20 cm)有机碳和速效养分含量。垄覆地膜+沟覆普通地膜(D+D)和垄覆地膜+沟覆生物降解地膜(D+S)处理土壤有机质含量较传统平作(CK)略有降低,而土壤有效磷和速效钾含量均高于传统平作,但低于其他沟垄集雨结合覆盖处理,这是由于地膜覆盖显著的保水增温作用促进了上层(0~20 cm)土壤有机质的分解和氮素的释放(谢驾阳等,2010)。本研究还发现,垄覆地膜+沟不覆盖(D+B)和传统平作(CK)处理土壤有机质和速效养分的含量与试验处理前相比有所下降,这是由于沟垄不覆盖和传统平作模式下土壤水温环境较差,使土壤酶的活性降低,减缓了土壤中有机质的合成和速效养分的转化。对各年份不同土层土壤速效养分分布发现,各覆盖处理下 20~40 cm 层土壤速效养分均较对照降低,这可能由于集雨种植处理改善了土壤水热状况,促进作物的生长发育,尤其是作物根系的生长和分布,使作物对养分的吸收利用提高,从而使土壤养分含量相对减少。

土壤酶活性的大小可敏感地反映土壤中生化反应的方向和强度,但其活性易受气候条件、土壤水分、温度、养分、pH 及土壤生物类群等多种因素的影响(员学峰,2008),还因不同的土地管理及利用方式、土壤类型,使土壤酶活性的差异而不同(关松荫,1986;曹慧等,2003;胡延杰等,2001;张其水和俞新妥,1990;许景伟等,2000)。覆盖可以使得土壤中氧化还原酶活性增加(杨招弟等,2008)。汪景宽等(1984)研究结果表明,覆膜可使土壤过氧化氢酶活性降低,蔗糖转化酶活性提高。李倩等(2009)研究发现,不同数量秸秆覆盖可增加土壤碱性磷酸酶、蔗糖酶和脲酶活性。李春勃等(1995)的研究结果表明,不同数量麦秸覆盖土壤呼吸强度、碱性磷酸酶、转化酶和脲酶活性分别增加16%~28.8%、55.2%~98.9%、0~17.6%和 7.1%~28.6%,而过氧化氢酶活性则下降 25.2%~27.1%。杨青华等(2005)利用液态地膜覆盖作物研究表明,适量的液体地膜覆盖农田能显著增加土壤微生物数量,增强土壤过氧化氢酶、转化酶、脲酶、中性磷酸酶和多酚氧化酶活性,且这种效应受作物生长发育进程的影响。在本研究中,沟垄集雨结合覆盖处理改善了土壤微环境和微生物活性,使土壤酶活性增强。垄覆地膜+沟覆秸秆(D+J)和垄覆地膜+沟覆液态地膜处理(D+Y)表层土壤脲酶、磷酸酶和蔗糖酶均较传统平作显著增加,这是因为秸秆覆盖和液体地膜覆盖可使表层土壤积累丰富的腐殖质,同时较好的土壤水热条件和通气状况,利于微生物的生长和繁殖,因而表层土壤酶活性较高。垄覆地膜+沟覆普通地膜(D+D)和垄覆地膜+沟覆生物降解地膜处理(D+S)土壤酶活性均较传统平作有提高,这与地膜和生物降解膜较好的增温保墒作用可促进养分的释放,进而提高土壤酶活性有关。

二、结论

1. 不同处理下 0~60 cm 土层土壤速效养分含量差异较大,而土壤全效养分差异不大。2008—2011 年 D+J 处理 0~60 cm 土壤有机质、碱解氮、有效磷和速效钾含量最高, 分别较 CK 增加 2.4%、6.0%、39.2%和 19.8%;D+Y 处理次之;D+D 和 D+S 处理土壤有效磷和速效钾含量分别较 CK 增加 13.2%和 10.9%,3.4%和 2.6%, 而土壤有机质和碱解氮含量分别降低 2.9%和 2.3%,

7.4%和5.9%。不同覆盖处理各年份0~60 cm土层土壤全氮、全磷和全钾含量均较对照增加,以D+J处理最高。

2. 不同沟垄覆盖处理对0~20 cm层土壤有机质和速效养分含量因覆盖材料的不同而不同。D+J和D+Y处理各年份0~20 cm土层土壤有机质、碱解氮、有效磷和速效钾含量均显著高于对照,D+D和D+S处理土壤有机质和碱解氮含量较对照略有降低,而有效磷和速效钾速效养分含量明显增加。20~40 cm层,各沟垄覆盖处理土壤有机质和速效养分均较对照降低,以D+D和D+S处理最为明显;40~60 cm土层,D+J处理土壤有机质、碱解氮、有效磷和速效钾略高于CK外,其他处理无差异。同时,沟垄集雨结合覆盖可提高根系生物量对土壤碳氮含量的补充,进一步维持了土壤的碳氮平衡。

3. D+J和D+Y处理显著提高0~20 cm层土壤脲酶、磷酸酶和蔗糖酶活性,4年平均分别较CK提高11.1%和7.2%、44.9%和36.1%、9.8%和5.3%;D+D和D+S处理土壤磷酸酶和蔗糖酶活性均较CK有提高, 而脲酶活性降低,差异不显著。

实施沟垄集雨结合覆盖措施可增加土壤有机质、氮磷钾养分含量,其中对表层(0~20 cm)土壤有效磷含量的增幅明显优于速效钾和碱解氮含量。垄覆地膜沟覆秸秆处理(D+J)土壤有机质、碱解氮、有效磷和速效钾含量最高,显著高于传统平作(CK),垄覆地膜沟覆液态地膜处理(D+Y)次之,而垄覆地膜沟覆地膜(D+D)和垄覆地膜沟覆生物降解膜处理(D+S)土壤有机质及速效养分含量与对照(CK)差异不显著。沟垄集雨覆盖措施显著提高了土壤脲酶、磷酸酶和蔗糖酶活性,各沟垄集雨结合覆盖处理表层土壤脲酶、磷酸酶和蔗糖酶活性均较对照明显增加,其中以垄覆地膜沟覆秸秆处理(D+J)最为显著,垄覆地膜沟覆液态地膜处理(D+Y)次之。

第五章　沟垄集雨结合覆盖对玉米光合生理的影响

　　光合作用是绿色植物完成物质积累重要的生理过程。作物通过光合作用来进行能量转换和物质的积累,最终提高生物产量。降水不足是限制西北旱作区农业发展的重要原因。作物产量中 90%~95% 来自于光合作用,而水分是影响植物光合生理特性的一个重要因子, 水分亏缺可导致作物光合能力下降,从而影响作物产量的形成。

　　许多研究表明,作物遭受水分胁迫后叶片气孔阻力增加,叶绿素含量减少,净光合速率、蒸腾速率、气孔导度等均下降,使作物的经济产量受到影响。在作物关键的生育期,若遇到干旱胁迫植物叶片气孔阻力变大,二氧化碳浓度增加,气孔导度下降,这一系列的生理变化使蒸腾速率和光合速率急剧下降。有研究(任小龙等,2008c;张鹏等,2012)表明,垄膜沟播和沟垄集雨半膜覆盖下作物光合性能和产量较对照都显著提高。牛一山等(2004)的研究指出,垄覆膜沟播可增加小麦叶绿素含量,推迟小麦衰老进程。丁瑞霞等(2006)研究也表明,垄覆膜沟播具有良好的蓄水保墒作用,可以提高作物生育期的土壤贮水量,进而提高作物叶绿素含量、作物光合能力及籽粒产量。

　　叶绿素的荧光参数变化包涵丰富的作物生理状态和光合的信息,叶绿素荧光技术可以在大田条件下来评价光合作用的过程,也可快速灵敏地反映植物的生理状态及其与环境的关系,是揭示植物抗逆生理、作物增产潜力的重要指标。本研究通过分析不同沟垄集雨结合覆盖种植系统对春玉米主要生育期光合特性及产量形成的影响, 研究其对春玉米叶绿素荧光参数的影响,探讨其对春玉米水分利用效率及产量影响的光合生理基础。

第一节　测定与方法

一、光合特性

在 2009—2011 年玉米大喇叭口期、抽穗期和灌浆期,选晴朗天气的上午 9:00~11:00,用美国 Li-Cor 公司生产的 Li-6400 便携式光合系统分析仪测定功能叶片(大喇叭口期为第 1 片完全展开叶,抽穗期和灌浆期为穗位叶)的净光合速率(P_n)、气孔导度(G_s)、蒸腾速率(T_r)和细胞间隙 CO_2 浓度(C_i);在玉米抽穗期测定其光合日变化。叶片瞬时水分利用效率(WUE_i)用 P_n / T_r 表示(Bierhuizen and Slatyer,1965)。

二、叶绿素相对含量

在 2009—2011 年用美国产 $CM-1000$ 非接触式叶绿素仪,选择晴天,每处理随机选取 10 片叶,测定玉米大喇叭口、抽穗期和灌浆期功能叶片的叶绿素相对含量(SPAD)。

三、叶绿素荧光参数

于 2009—2011 年玉米大喇叭口期、抽穗期和灌浆期采用 PAM-2100 (Walz,Germany)便携式叶绿素荧光仪测定经过暗适应 30 min 后的功能叶的 F_0(初始荧光)、F_m(最大荧光)、F_v(可变荧光 $F_v=F_m-F_0$)和自然光条件下 $F_m{}'$(最大荧光)、$F_v{}'$(最大可变荧光)、F_t(稳态荧光)等荧光参数,每个小区重复测定 10 次。并计算 F_v/F_0(PSⅡ潜在活性)、F_v/F_m(PSⅡ最大光化学效率)、qP(光化学猝灭系数)和 qN(非光化学猝灭系数)等。荧光参数的计算参照 Genty,et al. (1989)的方法:$F_v/F_0=(F_m-F_0)/F_0$,$F_v/F_m=(F_m-F_0)/F_m$,qP$=(F_m{}'-F_t)/(F_m{}'-F_0)$,$qN=(F_m-F_m{}')/F_m{}'$。数据处理软件为 PAM Win(Walz,Germany)。

第二节　沟垄集雨结合覆盖对玉米功能叶片 SPAD 值的影响

SPAD 值可以反映作物叶片的叶绿素浓度，与叶绿素含量呈明显的相关性，又称叶色值。2009—2011 年大喇叭口期、抽雄期和灌浆期玉米功能叶片 SPAD 值的测定结果表明（图 5-1），各生育时期所有沟垄覆盖处理的 SPAD 值均显著高于对照。

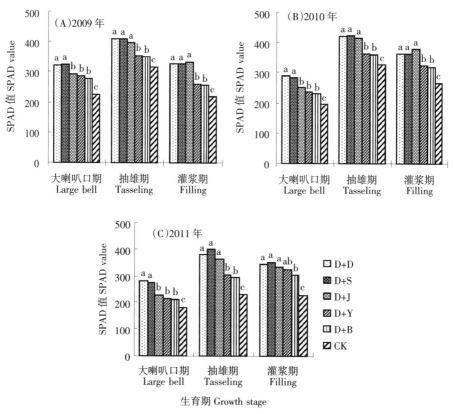

图 5-1　不同处理玉米叶片 SPAD 值

试验期间，各生育时期 D+D 和 D+S 处理下 SPAD 值均显著高于 D+Y 和 D+B 处理。D+J 处理下 SPAD 值在大喇叭口期与 D+Y 和 D+B 处理无差异，显著低于 D+D 和 D+S 处理，而在抽雄期和灌浆期均显著高于 D+Y 和 D+B 处理，而与 D+D 和 D+S 处理无差异。2009—2011 年大喇叭口期 D+D、D+S、D+J、D+Y 和 D+B 处理平均 SPAD 值分别较 CK 显著增加 48.3%、46.2%、27.5%、22.4%和 19.5%;抽雄期分别较 CK 显著增加 38.1%、40.2%、34.2%、16.6%和 14.8%;灌浆期分别较 CK 显著增加 44.7%、45.9%、45.8%、26.5%和 22.8%。各生育时期 D+D 和 D+S 处理 SPAD 值无显著差异,但大喇叭口期 D+D 处理高于 D+S 处理,而抽雄期和灌浆期则相反。D+Y 处理 SPAD 值各生育时期均略高于 D+B 处理。

第三节 沟垄集雨结合覆盖对玉米功能叶片光合参数的影响

一、玉米功能叶片净光合速率(P_n)和蒸腾速率(T_r)

由表 5-1 可以看出,各沟垄覆盖集雨处理均能明显提高大喇叭口期、抽雄期和灌浆期玉米功能叶片的净光合速率,且与 CK 差异显著(除 2010 年灌浆期);各沟垄覆盖处理下玉米大喇叭口期、抽雄期和灌浆期功能叶片的蒸腾速率亦均高于 CK,其中 D+D、D+S 和 D+J 处理与 CK 差异显著,D+Y 和 D+B 处理在 2011 年均与 CK 差异显著,而在 2009 和 2010 年均略高于 CK,但无显著差异。

表 5-1 不同处理对玉米 P_n 和 T_r 的影响

单位:P_n 为 μmol/(m²·s),T_r 为 mmol/(m²·s)

年份	处理	大喇叭口期		抽雄期		灌浆期	
		P_n	T_r	P_n	T_r	P_n	T_r
2009	D+D	30.12a	5.61a	34.72a	6.29a	25.19b	4.81ab
	D+S	30.23a	5.62a	34.61a	6.21a	25.29b	4.84ab
	D+J	28.66b	5.48ab	33.89a	6.06ab	27.22a	4.80a
	D+Y	27.55bc	5.39b	30.35b	5.89b	24.09bc	4.52ab
	D+B	26.65c	5.30bc	30.32b	5.86b	23.88c	4.51ab
	CK	24.75d	5.33c	27.03c	5.57c	21.37d	4.47b

年份	处理	大喇叭口期		抽雄期		灌浆期	
		P_n	T_r	P_n	T_r	P_n	T_r
2010	D+D	27.19a	4.91ab	32.63a	6.29a	30.41ab	5.30ab
	D+S	27.29a	4.94ab	32.55a	6.25a	30.42ab	5.30ab
	D+J	26.22ab	5.15a	33.1a	6.21a	32.16a	5.42a
	D+Y	25.09b	4.82bc	31.15b	6.14ab	29.62b	5.18b
	D+B	24.88b	4.81bc	30.97bc	6.11ab	29.43b	5.16b
	CK	22.37c	4.67c	29.55c	6.01b	29.46b	5.21b
2011	D+D	28.18a	5.90a	24.18a	5.60a	23.31a	5.74a
	D+S	27.17a	5.70a	25.17a	5.70a	24.09a	5.86a
	D+J	24.71b	5.57ab	23.71b	5.47ab	23.99a	5.94a
	D+Y	23.37bc	5.41b	20.87c	5.31b	20.90b	5.06b
	D+B	22.38c	5.24b	19.88bc	5.14bc	18.73b	4.43bc
	CK	20.46d	4.92c	18.46c	4.89c	15.57c	4.22c

注:各列不同小写字母表示处理间差异显著($P<0.05$)。

2009 年大喇叭口期 D+J 处理平均 P_n 显著低于 D+D 和 D+S 处理，但与 D+Y 和 D+B 处理无显著差异;而灌浆期显著高于 D+D 和 D+S 处理。玉米全生育期,D+D、D+S 和 D+J 处理平均 P_n 分别较 CK 显著增加 26.1%、26.2% 和 20.4%,平均 T_r 分别较 CK 显著增加 7.9%、7.7% 和 6.7%;D+Y 和 D+B 处理全生育期平均 P_n 分别较 CK 显著增加 15.1% 和 13.5%，平均 T_r 分别较 CK 增加 3.3% 和 2.5%,差异不显著。2010 年不同时期各处理对 P_n 的影响不同,大喇叭口期和抽雄期各沟垄覆盖处理显著高于 CK,而灌浆期仅 D+J 处理 P_n 较 CK 显著增加外,其他处理均略高于 CK 但差异不显著。玉米全生育期 D+D、D+S 和 D+J 处理平均 P_n 分别较 CK 增加 10.2%、10.3% 和 12.3%,平均 T_r 分别较 CK 增加 3.9%、3.8% 和 5.7%;D+Y 和 D+B 处理 P_n 和 T_r 均略高于 CK,但差异不显著。2011 年各时期沟垄覆盖处理的 P_n 和 T_r 均显著高于 CK,全生育期各处理高低次序表现为 D+S>D+D>D+J>D+Y>D+B>CK，各沟垄覆盖处理平均 P_n 分别较 CK

增加 41.3%、39.5%、24.8%、20.5% 和 12.5%，平均 T_r 分别增高 24.1%、23.9%、17.3%、13.2% 和 5.8%；该年份各时期所有处理的 P_n 和 T_r 均明显低于 2009 年和 2011 年，这可能由于该年份阶段降雨较少，严重干旱导致玉米光合特性降低。

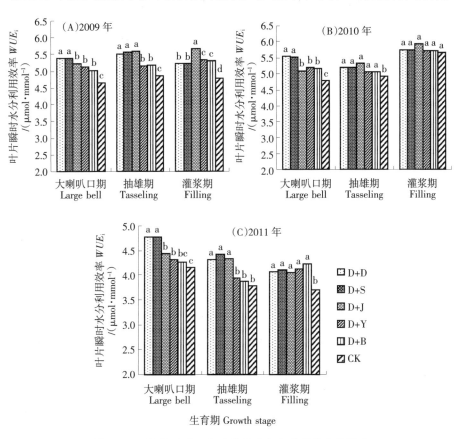

图 5-2　不同处理对玉米叶片瞬时水分利用效率的影响

不同年份各处理玉米功能叶片的瞬时水分利用效率（WUE_i）的变化与光合速率的规律一致，各沟垄覆盖处理的 WUE_i 均显著高于对照，且以 D+D、D+S 和 D+J 处理最为显著（图 5-2）。2009 年玉米生育期 D+D、D+S、D+J、D+Y 和 D+B 处理平均 WUE_i 分别较 CK 增加 11.9%、12.3%、14.8%、8.6% 和 7.9%；2010 年分别增加 5.8%、5.8%、7.6%、4.3% 和 3.9%；2011 年分别增加 12.6%、13.8%、9.9%、6.3% 和 6.3%。不同年份各处理玉米叶片的 WUE_i 的改善幅度表现为 2011 年 > 2009 年 > 2010 年，这主要是由于 2009 年、2010 年和 2011 年从播种期至灌浆期的降雨量分别为 242.3 mm、314.1 mm 和 145.3 mm，表明在阶段降雨较少干旱严重的年份，其提高幅度更为明显。

二、玉米功能叶片气孔导度(G_s)和胞间 CO_2 浓度(C_i)

由表 5-2 可知，除 2010 年灌浆期玉米功能叶片气孔导度各处理间无显

表 5-2　不同处理对玉米 G_s 和 C_i 的影响

单位：G_s 为 mmol/($m^2 \cdot s$)，C_i 为 μmol/($m^2 \cdot s$)

年份	处理	大喇叭口期		抽雄期		灌浆期	
		G_s	C_i	G_s	C_i	G_s	C_i
2009	D+D	0.24a	108.80c	0.25a	117.75c	0.19ab	128.36c
	D+S	0.23a	109.10c	0.25a	119.58c	0.19ab	126.74c
	D+J	0.20ab	118.47b	0.24ab	121.50c	0.21a	111.26d
	D+Y	0.19bc	120.54b	0.22b	128.21b	0.18b	133.50b
	D+B	0.18bc	123.16ab	0.22b	130.32b	0.18b	135.52b
	CK	0.16c	128.23a	0.19c	137.64a	0.15c	148.91a
2010	D+D	0.21a	114.50c	0.24a	121.53b	0.22a	117.95a
	D+S	0.21a	112.15c	0.24a	121.44b	0.22a	116.80a
	D+J	0.21a	118.20c	0.25a	118.40b	0.23a	113.45a
	D+Y	0.19ab	127.65b	0.23ab	132.86a	0.21a	118.65a
	D+B	0.17bc	132.15b	0.22b	133.11a	0.21a	121.15a
	CK	0.15c	140.28a	0.21b	138.27a	0.21a	119.65a
2011	D+D	0.18a	113.00c	0.17a	124.20c	0.17a	121.50c
	D+S	0.19a	110.09c	0.17a	125.00c	0.17a	122.05c
	D+J	0.16b	125.85b	0.16b	135.50b	0.17a	130.49b
	D+Y	0.15b	130.20b	0.14b	140.36b	0.13b	133.58ab
	D+B	0.15b	132.37b	0.11c	149.38a	0.12b	135.74a
	CK	0.13c	145.25a	0.12c	153.50a	0.09c	142.80a

注：各列不同小写字母表示处理间差异显著（$P<0.05$）。

著差异外,其他生育时期各覆盖处理的 G_s 均高于对照,以 D+D、D+S 和 D+J 处理最为显著。胞间 CO_2 浓度与气孔导度的变化趋势相反,玉米各生育时期 CK 处理 C_i 均高于覆盖处理(除 2010 年灌浆期外)。2009—2011 年 D+D、D+S、D+J、D+Y 和 D+B 处理平均 G_s 分别较 CK 增加 35.1%、34.5、29.8%、13.3%和 8.3%;平均 C_i 分别较 CK 降低 15.2%、15.7%、13.2%、7.5%和 5.1%。

三、抽雄期光合速率日变化

植物光合作用受温度、光照、CO_2 浓度和湿度等环境因子的影响而呈现明显的日变化规律。从图 5-3 可以看出,试验期间各处理抽雄期玉米功能叶片净光合速率日变化均呈"单峰型"变化曲线,其中 2009 年和 2011 年处理间变化规律相似,D+D、D+S 和 D+J 处理叶片的净光合速率在 12:00 左右达到

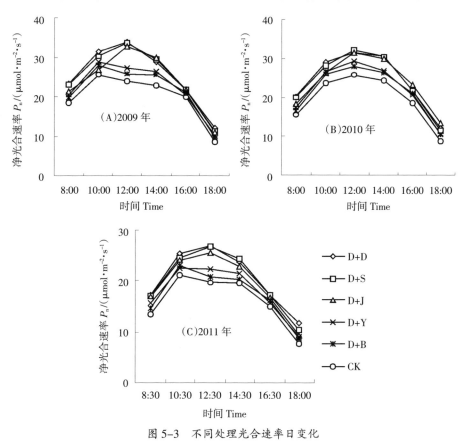

图 5-3　不同处理光合速率日变化

最大值，而 D+Y、D+B 和 CK 处理在 10:00 左右出现峰值；2010 年各处理叶片的净光合速率的峰值均出现在 12:00 左右，且处理间差异不显著，这可能与 2010 年后期降雨较多，各处理土壤水分状况较好有关。试验期间，各覆盖处理全天平均光合速率均较 CK 提高，以 D+D、D+S 和 D+J 处理最为显著，3年平均日均净光合速率较 CK 分别显著提高 26.0%、24.6%和 20.8%。

四、抽雄期蒸腾速率日变化

不同年份各处理玉米抽雄期功能叶片蒸腾速率日变化规律与净光合速率相似(图 5-4)，均呈"单峰型"曲线，各覆盖处理的蒸腾速率均高于对照，且在 12:00 左右出现峰值，各处理间差异显著(除 2010 年)，2009—2011 年D+D、D+S 和 D+J 处理 3 年平均日均蒸腾速率分别较 CK 显著增加 20.3%、19.6%和 16.1%。

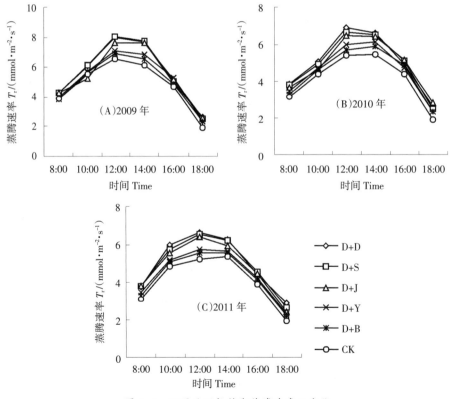

图 5-4 不同处理抽雄期蒸腾速率日变化

五、抽雄期瞬时水分利用效率日变化

作物叶片瞬时水分利用效率反映了水分消耗和 CO_2 同化作用的关系,通过净光合速率与蒸腾速率的比值 (P_n/T_r) 来体现。从图 5-5 可看出,各沟垄覆盖处理对玉米功能叶片的瞬时水分利用效率具有调控作用,不同年份各处理的瞬时水分利用效率日变化均呈现升高—下降—升高的趋势,各覆盖处理的瞬时水分利用效率均高于对照,且以 D+D、D+S 和 D+J 处理与 CK 差异显著,3 年平均日均瞬时水分利用效率较 CK 分别显著提高 5.9%、5.8% 和 5.6%。

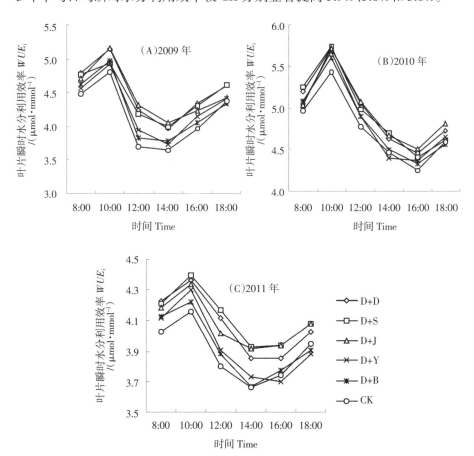

图 5-5　不同处理玉米叶片瞬时水分利用效率日变化

第四节　沟垄集雨结合覆盖对玉米功能叶片荧光参数的影响

一、初始荧光(F_0)、最大荧光(F_m)和可变荧光(F_v)

F_0,也称基础荧光,表示光系统Ⅱ(PSⅡ)反应中心完全开放时,即原初电子受体(QA)全部被氧化时的荧光水平。PSⅡ天线色素的热耗散常常导致初始荧光降低,而PSⅡ反应中心的可逆失活或破坏则引起初始荧光的增加,因此可以根据初始荧光(F_0)的变化来推测反应中心的状况和可能的光保护机制。由表5-3可知,试验期间不同沟垄覆盖材料下初始荧光F_0均低于与对照,其中在2009年玉米抽雄期和灌浆期、2011年大喇叭口期、抽雄期和灌浆期各覆盖集雨处理的F_0均与CK差异显著;2009年和2010年大喇叭口期D+D、D+S和D+J处理均与CK差异显著,而D+Y和D+B处理均略高于CK但差异不显著;2010年玉米抽雄期和灌浆期各集雨处理F_0均略低于CK但无显著差异。这表明,沟垄覆盖处理能明显提高植株的光化学活性,且在干旱少雨时期(2009年玉米抽雄期和灌浆期、2011年大喇叭口期、抽雄期和灌浆期)更为明显。

最大荧光(F_m),表示光系统Ⅱ(PSⅡ)反应中心完全关闭时的荧光产量,可反映经过PSⅡ的电子传递状况。对各处理F_m分析表明,2009年大喇叭口期、2010年抽雄期和灌浆期玉米功能叶最大荧光F_m各处理间均无显著差异,而在2009年抽雄期和灌浆期、2010年大喇叭口期和2011年玉米各生育期各覆盖处理与对照存在显著差异,其中D+D、D+S和D+J处理的F_m值均显著高于CK。说明在干旱情况下,传统平作处理玉米植株PSⅡ反应中心的电子传递受到明显破坏,而覆盖处理能缓解因干旱胁迫造成的玉米植株PSⅡ反应中心电子传递的破坏。

可变荧光(F_v)反映原初电子受体(QA)的还原情况,$F_v=F_m-F_0$。各处理F_v的变化规律与F_m相似,与2009年大喇叭口期,2010年抽雄期和灌浆期相比,2009年抽雄期和灌浆期,2010年大喇叭口期和2011年各生育期时期的F_v值有一定程度的下降,其原因主要是这些时期干旱少雨,使玉米的PSII光化学反应中心受到一定的不可逆破坏或可逆失活使F_m降低所致。与传统平作相比,D+D、D+S 和 D+J 处理 F_v 值明显升高,表明 D+D、D+S 和 D+J 处理能提高 PSⅡ的电子传递速率,缓解因干旱胁迫造成的玉米植株 PSⅡ反应中心电子传递的破坏。

表5-3　不同处理对 F_0、F_m 和 F_v 的影响

年份	处理	大喇叭口期			抽雄期			灌浆期		
		F_0	F_m	F_v	F_0	F_m	F_v	F_0	F_m	F_v
2009	D+D	0.212b	0.998a	0.764a	0.204c	1.192a	0.867a	0.222c	1.101a	0.885a
	D+S	0.214b	0.996a	0.762a	0.204c	1.193a	0.864a	0.223c	1.099a	0.882a
	D+J	0.224ab	0.992a	0.755a	0.215bc	1.172b	0.863a	0.235bc	1.095a	0.859b
	D+Y	0.225ab	0.987a	0.741ab	0.223b	1.155c	0.830b	0.240b	1.061b	0.821c
	D+B	0.227ab	0.983a	0.745ab	0.221b	1.157c	0.823b	0.242b	1.057b	0.830c
	CK	0.232a	0.978a	0.738b	0.24a	1.122d	0.765c	0.264a	1.019c	0.761d
2010	D+D	0.203b	1.027a	0.812a	0.215a	1.015a	0.887a	0.200a	1.004a	0.771a
	D+S	0.206b	1.026a	0.817a	0.217a	1.012a	0.881a	0.202a	1.007a	0.775a
	D+J	0.212b	1.013ab	0.811a	0.219a	1.015a	0.877a	0.208a	1.004a	0.766a
	D+Y	0.214b	0.999b	0.813a	0.223a	1.006a	0.875a	0.210a	0.997a	0.766a
	D+B	0.216b	0.995b	0.802a	0.225a	1.008a	0.873a	0.211a	0.996a	0.762a
	CK	0.242a	0.963c	0.721b	0.228a	0.996a	0.862a	0.219a	0.987a	0.750a
2011	D+D	0.212c	1.105a	0.878a	0.192b	1.013a	0.812a	0.204c	1.122a	0.851a
	D+S	0.211c	1.106a	0.871a	0.198b	1.011a	0.808a	0.206bc	1.121a	0.843ab
	D+J	0.222bc	0.996a	0.851a	0.203ab	0.903a	0.791ab	0.213bc	1.110ab	0.821b
	D+Y	0.235b	0.972b	0.818b	0.219ab	0.893a	0.773b	0.226b	1.088b	0.799bc
	D+B	0.236b	0.969b	0.813b	0.221a	0.889a	0.762bc	0.228b	1.086b	0.791bc
	CK	0.255a	0.943c	0.747c	0.239a	0.861b	0.729c	0.247a	1.055c	0.730c

注:各列不同小写字母表示处理间差异显著($P<0.05$)。

二、PSⅡ潜在活性(F_v/F_0)和 PSⅡ最大光化学效率(F_v/F_m)

F_v/F_0 代表光反应条件下 PSⅡ潜在活性,F_v/F_m 是暗反应条件下 PSⅡ的

最大光化学效率,即表示原初光能转化效率,与光合电子传递活性成正比,二者是反映光系统Ⅱ和叶绿素荧光的两个重要参数。非环境胁迫条件下该参数极少变化,不受物种和生长条件的影响。由表 5-4 可以看出,各处理 F_v/F_0 和 F_v/F_m 值分别在 2.927~4.250 和 0.682~0.874 之间变化。2009 年抽雄期和灌浆期,2010 年大喇叭口期和 2011 年玉米各生育时期覆盖处理的 F_v/F_0 和 F_v/F_m 值与对照存在显著差异,说明 CK 的最大 PSII 光能转化效率、潜在活性和

表 5-4　不同处理对 F_v/F_0 和 F_v/F_m 的影响

年份	处理	大喇叭口期		抽雄期		灌浆期	
		F_v/F_0	F_v/F_m	F_v/F_0	F_v/F_m	F_v/F_0	F_v/F_m
2009	D+D	3.604a	0.766a	4.250a	0.727ab	4.023a	0.804a
	D+S	3.561a	0.765a	4.235a	0.724ab	4.009a	0.803a
	D+J	3.371ab	0.761a	4.014a	0.736a	3.735b	0.784b
	D+Y	3.293ab	0.751a	3.722b	0.719ab	3.421c	0.774b
	D+B	3.282ab	0.758a	3.724b	0.711b	3.458c	0.785b
	CK	3.181b	0.755a	3.188c	0.682c	2.927d	0.747c
2010	D+D	4.000a	0.791a	4.126a	0.874a	3.855a	0.768a
	D+S	3.966ab	0.796a	4.060a	0.871a	3.690ab	0.770a
	D+J	3.825ab	0.801a	4.005ab	0.864a	3.792a	0.763a
	D+Y	3.799b	0.814a	3.924ab	0.870a	3.683ab	0.769a
	D+B	3.713b	0.806a	3.880b	0.866a	3.611b	0.765a
	CK	2.979c	0.749b	3.781b	0.865a	3.425c	0.760a
2011	D+D	4.142a	0.795b	4.229a	0.802b	4.172a	0.759a
	D+S	4.128a	0.788b	4.081ab	0.799b	4.092ab	0.752a
	D+J	3.833b	0.854a	3.897b	0.876a	3.854b	0.740ab
	D+Y	3.481c	0.842a	3.530c	0.866a	3.535c	0.734b
	D+B	3.445c	0.839a	3.448c	0.857a	3.469c	0.728b
	CK	2.929d	0.792b	3.050d	0.847ab	2.955d	0.692c

注:各列不同小写字母表示处理间差异显著($P<0.05$)。

原初反应过程受到一定程度的抑制,各覆盖处理相对于 CK 具有较强的 PSⅡ 潜在活性和初始光化学效率,且以 D+D、D+S 和 D+J 处理最为显著,D+Y 和 D+B 处理的光能转化效率和潜在活性虽略高于 CK,但差异不显著。而 2009 年大喇叭口期,2010 年抽雄期和灌浆期,各沟垄覆盖集雨处理的 F_v/F_m 值均高于对照,但处理间无显著差异,说明在 2009 年大喇叭口期,2010 年抽雄期和灌浆期各处理植株均处于非胁迫状态,生长环境适于玉米的生长。

三、光化学猝灭系数(qP)和非光化学猝灭系数(qN)

荧光猝灭分为光化学猝灭(qP)和非光化学猝灭(qN)两类,是调节植物体内光合量子效率的一个重要方面。光化学猝灭系数是 PSⅡ 天线色素吸收的光能被用于光化学电子传递的份额,非光化学猝灭系数则表示 PSⅡ 天线色素吸收的光能以热的形式耗散掉的部分。从表 5-5 可以看出,2009 年抽雄期和灌浆期、2010 年大喇叭期和 2011 年大喇叭期、抽雄期和灌浆期各覆盖处理的 qP 值显著均高于对照处理,且以 D+D、D+S 和 D+J 处理最为显著;2009 年大喇叭口期、2010 年抽雄期和灌浆期各覆盖处理的 qP 值均高于对照处理,但无显著差异。qP 的变化说明,覆盖处理的 PSⅡ 天线色素吸收的光能用于光化学电子传递的份额高于对照处理。另外,2009 年抽雄期和灌浆期,2010 年大喇叭口期,2011 年大喇叭口期、抽雄期和灌浆期各处理的 qP 值均低于 2009 年大喇叭口期,2010 年抽雄期和灌浆期,即 2009 年抽雄期和灌浆期,2010 年大喇叭口期,2011 年大喇叭口期、抽雄期和灌浆期 PSⅡ 反应中心的开放程度较 2009 年大喇叭口期,2010 年抽雄期和灌浆期显著降低,表明干旱胁迫抑制了电子从 PSⅡ 氧化侧向 PSⅡ 反应中心的流动。2009 年抽雄期和灌浆期,2010 年大喇叭期及 2011 年各生育时期沟垄覆盖处理的 qN 值均显著高于对照,且以 D+D、D+S 和 D+J 处理最为显著。

对光化学猝灭系数和非光化学淬灭系数的分析表明,沟垄覆盖处理有利于提高 PSⅡ 反应中心开放部分的比例,将更多的光能用于推动光合电子传递,提高光合电子传递能力;同时沟垄覆盖处理能提高非光化学能量的耗散,有助于耗散过剩的激发能,以保护光合机构,从而缓解干旱胁迫对光合作用的影响。

表5-5 不同处理对 qP 和 qN 的影响

年份	处理	大喇叭口期		抽雄期		灌浆期	
		qP	qN	qP	qN	qP	qN
2009	D+D	0.752a	0.666a	0.719a	0.646a	0.697a	0.586a
	D+S	0.751a	0.653ab	0.717a	0.642a	0.694a	0.582a
	D+J	0.748a	0.636ab	0.704ab	0.63a	0.685a	0.576a
	D+Y	0.742a	0.632ab	0.686ab	0.616a	0.681a	0.571a
	D+B	0.731a	0.622b	0.677b	0.605a	0.678a	0.566a
	CK	0.727a	0.615b	0.628c	0.551b	0.627b	0.511b
2010	D+D	0.726a	0.627a	0.753a	0.695a	0.784a	0.669a
	D+S	0.717a	0.622a	0.751a	0.691a	0.778a	0.666a
	D+J	0.711a	0.614a	0.744a	0.682a	0.775a	0.663ab
	D+Y	0.702ab	0.602a	0.742a	0.672a	0.765a	0.656ab
	D+B	0.695ab	0.594a	0.737a	0.661a	0.757a	0.646ab
	CK	0.668b	0.552b	0.722a	0.658a	0.742a	0.625b
2011	D+D	0.663a	0.614a	0.649a	0.566a	0.663a	0.573a
	D+S	0.657a	0.606a	0.647a	0.564a	0.657a	0.568a
	D+J	0.647a	0.595a	0.644a	0.560a	0.654a	0.562a
	D+Y	0.634a	0.588ab	0.642a	0.553a	0.651a	0.555a
	D+B	0.629a	0.570ab	0.617ab	0.544a	0.644a	0.549a
	CK	0.579b	0.556b	0.586b	0.505b	0.606b	0.503b

注:各列不同小写字母表示处理间差异显著($P<0.05$)。

第五节 讨论与结论

一、讨论

光合作用是一个物理、电化学及生化反应的综合过程,受到多种因素的影响,其中干旱胁迫是一个重要的因素(Boyer,1982)。由于干旱胁迫会抑制作物的光合作用,从而使作物的生长和产量受到影响(Hassan,2006)。众多研究表明,干旱胁迫导致作物叶片的气孔阻力增加、叶绿素含量减少(Hirasawa and Hsiao,1999),净光合速率明显下降(Gall and Flexas,2010)。干旱胁迫使 PSII 的光化学活性受到抑制,导致作物的 F_m 和 F_v/F_m 降低(Genty,et al.,1989)。沟垄微集雨种植能有效地缓解干旱胁迫,提高作物的光合能力(任小龙等,2008b;丁瑞霞等,2006)。本研究结果表明,与传统平作模式相比,各沟垄覆盖集雨处理均能显著提高玉米各生育时期功能叶片的净光合速率(P_n)和气孔导度(G_s)(除 2010 年灌浆期),其中 D+D、D+S 和 D+J 处理功能叶片的蒸腾速率(T_r)和瞬时水分利用效率(WUE_i)均显著高于 CK。这与李吾强等(2008)和李默隐(1983)研究覆盖地膜能提高玉米叶片光合速率、气孔导度和叶片瞬时水分利用效率的结果一致。本研究还发现,在玉米大喇叭口期和抽穗期,地膜覆盖处理功能叶的净光合速率略高于秸秆覆盖,而在灌浆期,秸秆覆盖处理功能叶的净光合速率超过地膜覆盖,卜玉山等(2006)也有类似的报道。在本研究中,D+Y、D+B 处理的净光合速率、蒸腾速率和气孔导度与 CK 处理相比无明显差异,这与赵铭钦等(2010)液态地膜能提高作物的光合能力的研究结果不一致。

相关研究表明(Maxwell and Johnson,2000;Herppich and Peckmann,1997),叶绿素的荧光参数能更细微、更真实地反映光合作用的行为,可作为检验作物是否受到胁迫的重要指标(Baker,2008)。在本研究中,叶绿素荧光参数的变化与净光合速率的变化基本一致,这与 Bradbury and Baker(1984)的研究结果一致。干旱少雨条件下(2009 年抽雄期和灌浆期,2010 年大喇叭口期,2011 年大喇叭口期、抽雄期和灌浆期)各沟垄处理玉米功能叶的最大荧光(F_m)、可变荧光(F_v)、PSII 最大光化学效率(F_v/F_m)、PSII 的潜在活性(F_v/F_0)、光化学猝灭系数(qP)和非光化学猝灭系数(qN)较传统平作差异显著,说明沟垄覆盖处理的集雨保墒功能能有效缓解玉米生长过程中的水分胁迫。许大全等(1992)认为,在非胁迫条件下,PSII 最大光化学效率不受生长条件和物种的影响,其参数仅在 0.75~0.85 之间变化,而在胁迫条件下 PSII 最大光化学效率则明显下降。2009 年大喇叭口期和 2010 年抽雄期、灌浆期,各处理的 F_v/F_m 值在 0.755~0.874 之间,说明此阶段玉米在非胁迫条件下生长,沟垄覆盖处理的水分优势不明显,各处理荧光参数之间无显著差异。而其他生育时期 D+D、D+S 和 D+J 处理的最大荧光、PSⅡ原初光能转换效率、PSII 潜在活性、光化学淬灭系数和非光化学淬灭系数均显著高于 CK。可见,与传统平作模式相比,沟垄覆盖处理具有较高的光化学效率和潜在活性,能缓解干旱少雨时期因干旱胁迫对光合作用造成的影响(任小龙,2008;张杰,2010)。

二、结论

1. 与传统平作相比,各沟垄覆盖处理均能显著提高玉米大喇叭口期、抽雄期和灌浆期玉米功能叶片的叶绿素含量,其中以 D+D、D+S、D+J 处理 SPAD 值较高。

2. 与传统平作相比,各覆盖处理均能显著提高玉米关键生育时期功能叶的净光合速率、蒸腾速率和气孔导度;且 D+D、D+S 和 D+J 处理最为显著。另外,D+D 和 D+S 处理玉米大喇叭口期和抽穗期功能叶的净光合速率均略高于 D+J 处理,而灌浆期 D+J 处理功能叶净光合速率超过 D+D 和 D+S 处理。D+Y 处理下玉米功能叶的净光合速率、蒸腾速率和气孔导度略高于 CK,但差异不显著。

3. 各覆盖处理能提高玉米叶片的瞬时水分利用效率,以 D+D、D+S 和 D+J 处理最为显著。在大喇叭口期、抽雄期和灌浆期 D+D、D+S 和 D+J 处理使叶片水分瞬时利用效率分别较 CK 提高 5.9%、5.8% 和 5.6%。D+Y 和 D+B 处理对提高叶片水分利用效率优势减弱,其叶片水分利用效率与 CK 相比分别提高 3.6% 和 3.1%。

4. 各覆盖处理能提高玉米关键生育时期功能叶的最大荧光(F_m)、可变荧光(F_v)、PSⅡ最大光化学效率(F_v/F_m)、PSⅡ的潜在活性(F_v/F_0)、光化学淬灭系数(qP)和非光化学淬灭系数(qN),且在干旱少雨的情况下(2009 年抽雄期和灌浆期,2010 年大喇叭口期,2011 年大喇叭口期、抽雄期和灌浆期)最为显著。

第六章 沟垄集雨结合覆盖对玉米
生长发育的影响

黄土高原半湿润易旱区早春温度较低,常常影响玉米的正常出苗,使生育期延迟,因此干旱成为该区玉米生产的主要限制因子。不同沟垄覆盖材料引起土壤水分、温度及养分效应等方面的差异,从而影响作物生育期进程与作物生长状况。沟垄覆盖种植作为重要的旱作农业种植措施,既能起到改善土壤水温状况,还可促进作物生长,提高作物产量,对于缺乏灌溉和灌溉成本较高的干旱半干旱区非常适用。

白秀梅等(2007)的研究表明,起垄覆膜处理玉米整个生育期较无膜对照提前 15 d 成熟,其中出苗期较对照提早 2~3 d,拔节期平均较对照区提早 9 d。丁瑞霞等(2006)研究结果表明,集水处理玉米的平均株高较平作高25.0~28.8 cm。任小龙等(2007,2008a)的研究报道,不同模拟降雨量下集雨处理的玉米成熟期较对应降雨量下传统平作处理提前 3~13 d,全生育期株高提高6.8%~27.2%,叶面积提高 6.9%~73.9%,生物累积量提高 7.6%~86.6%。Li 等(2001)研究表明,沟垄覆膜集雨种植下玉米产量较传统平作增加 108%~143%。王琦等(2004)研究也发现,沟垄集雨种植能够提高作物产量。

目前,关于沟垄集雨结合覆盖种植模式的研究较少。本研究将垄上覆盖集雨与沟内覆盖保水相结合,通过垄上覆盖普通地膜沟内覆盖不同材料,以平作不覆盖种植为对照,研究不同沟垄集雨结合覆盖模式对玉米生长发育、生物量积累及产量的影响,以期为旱作区春玉米高效集雨保墒、环保无污染的覆盖材料的选择提供理论依据。

第一节 测定与方法

一、玉米生长测定

2007—2011 年以小区内 70%~80%植株表现某生育特征作为进入该生育时期的标准记录玉米的生育期进程。在玉米关键生育期(拔节期、大喇叭口期、抽雄期和成熟期),每处理区选 5 株有代表性的长势基本一致的植株进行挂牌标记,测定其株高,同时选 3 株长势一致的植株,杀青、烘干,测定玉米单株地上部生物量。

二、籽粒产量、构成因素及收益

玉米成熟后选取中间两行(宽 0.6 m,长 8.1 m)收获进行测产,同时取有代表性 20 穗进行室内考种,考察穗长、穗粗、穗粒数和百粒重等指标。

产量总收入(元/hm²)= 籽粒产量×市场价格

产量纯收益(元/hm²)= 产量总收入−总投入

式中,总投入包括化学肥料投入、种子、农药及耕作处理人工费。

第二节 沟垄集雨结合覆盖对玉米生育进程、株高与生物量的影响

一、玉米生育进程

不同覆盖材料引起的土壤微环境的变化必然会影响玉米的生育进程。5年研究结果表明(表 6–1),除 D+J 处理使玉米生育时期推迟外,其他处理各生育时期均较对照提前, 其中 D+D 和 D+S 处理,D+Y 和 D+B 处理对玉米生育进程的影响相似。D+D 和 D+S 处理下玉米出苗期、拔节期、大喇叭口期、抽雄期及成熟期分别较 CK 提前 3~5 d、8~10 d、8~9 d、7~10 d 和 9~10 d;D+Y 和D+B 处理下各生育时期均比 CK 提前 0~2 d、3~6 d、4~5 d、2~5 d 和 4~5 d。

D+J 处理下在玉米前期土壤温度较低,其出苗期和拔节期较 CK 推迟 1~2 d,但随生育后期气温的回升,秸秆覆盖的保水稳温作用促进了玉米的生长,后期与 CK 持平(除 2008 年外);2008 年 D+J 处理各生育时期均较 CK 推迟 1~2 d,其他各处理从播种至出苗的天数也较其他年份推迟 2~3 d。这与该年份播种期较早、土壤温度较低有关。

表 6-1　2007—2011 年不同处理下玉米生育进程

生育时期	播后天数/d											
	D+D	D+S	D+J	D+Y	D+B	CK	D+D	D+S	D+J	D+Y	D+B	CK
	2007						2008					
出苗	10	10	14	12	12	13	12	13	18	15	15	16
拔节	32	32	42	36	36	41	34	34	43	39	39	42
大喇叭口	57	57	66	62	62	66	58	59	68	62	62	67
抽雄	76	76	84	80	80	84	78	78	86	83	83	85
成熟	131	131	140	135	135	140	132	132	142	137	137	141

生育时期	播后天数/d											
	D+D	D+S	D+J	D+Y	D+B	CK	D+D	D+S	D+J	D+Y	D+B	CK
	2009						2010					
出苗	8	8	12	11	11	11	9	10	15	12	12	14
拔节	30	30	40	34	34	40	33	34	44	37	37	43
大喇叭口	50	52	59	57	57	59	53	54	64	60	60	62
抽雄	72	73	80	77	77	82	77	78	84	80	81	85
成熟	134	134	144	140	140	144	136	136	146	142	142	146

生育时期	播后天数/d					
	D+D	D+S	D+J	D+Y	D+B	CK
	2011					
出苗	8	8	13	10	11	12
拔节	29	29	39	33	33	38
大喇叭口	49	50	60	57	57	59
抽雄	73	73	80	77	77	81
成熟	129	129	139	135	135	139

二、玉米株高

不同沟垄覆盖处理可明显改善土壤水温和肥力状况,导致玉米生长发育进程有所不同,同时也影响玉米在各个生育阶段的生长状况。结果表明,各生育时期沟垄覆盖处理(除 D+J 处理外)的玉米株高均较对照达显著水平(图 6-1),其中 D+D 和 D+S 处理,D+Y 和 D+B 处理在各时期对玉米株高的影响效果相似,D+D 和 D+S 处理的玉米株高在出苗期、大喇叭口期和抽雄期均显著高于 D+Y 和 D+B 处理,而在成熟期无显著差异。D+J 处理玉米株高在拔节

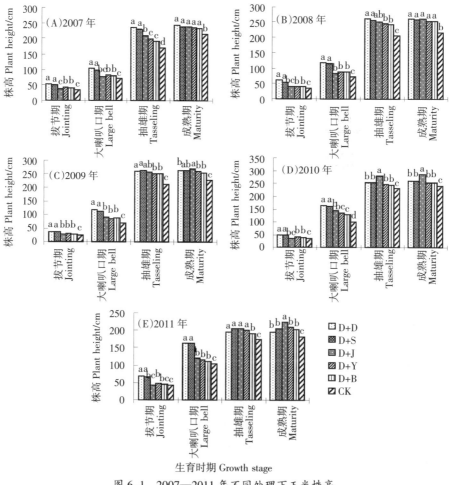

图 6-1　2007—2011 年不同处理下玉米株高

期低于其他处理，与 CK 差异不显著；在大喇叭口期显著高于 CK，与 D+Y 和
D+B 处理无差异；随生育期的推进，其株高超过 D+Y 和 D+B 处理，至成熟期与
D+D 和 D+S 处理无差异（2007 年和 2008 年）或显著高于其他各处理（2009
年、2010 年和 2011 年）。2007—2011 年拔节期 D+D、D+S、D+J、D+Y 和 D+B

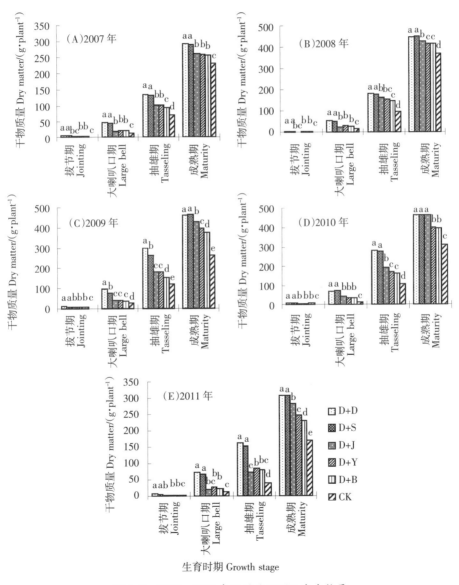

图 6-2　2007—2011 年不同处理下玉米生物量

处理平均株高分别较 CK 显著增加 19.7 cm、17.3 cm、4.3 cm、6.8 cm 和 5.9 cm，提高 58.2%、51.0%、12.5%、20.0% 和 17.4%；大喇叭口期分别较 CK 显著增加 48.9 cm、45.6 cm、19.1 cm、17.8 cm 和 15.6 cm，提高 58.1%、54.2%、22.7%、21.2% 和 18.6%；抽雄期分别较 CK 显著增加 42.4 cm、42.7 cm、41.7 cm、29.6 cm 和 24.9 cm，提高 21.3%、21.5%、21.0%、14.9% 和 12.5%；成熟期分别较 CK 显著增加 29.3 cm、30.5 cm、41.3 cm、27.7 cm 和 25.1 cm，提高 13.6%、14.1%、19.2%、12.8% 和 11.6%。

三、玉米生物量

图 6-2 表明，不同处理对玉米地上部生物量的影响与株高相似，玉米各生育时期沟垄覆盖处理（除 D+J 处理）的生物量均显著高于对照。D+D、D+S 处理对玉米生长的促进作用最大，在各生育期生物量显著高于其他处理；D+J 处理玉米生物量在拔节期低于其他处理，与 CK 无显著差异，在大喇叭口期与 D+Y 和 D+B 处理差异不显著，至成熟期显著高于 D+Y 和 D+B 处理，与 D+D 和 D+S 处理无显著差异（2009 年和 2010 年）；各时期 D+Y 处理生物量略高于 D+B 处理，但无显著差异。

第三节 沟垄集雨结合覆盖下玉米株高
和生物量动态模型特征值

一、玉米生育期株高动态模型特征值

用 Logistic 生长曲线方程对不同沟垄覆盖处理的玉米株高和单株生物量积累进行回归分析，并估算其特征值。表 6-2 和表 6-3 分别为 2007—2011 年各处理玉米株高的 Logistic 回归方程和平均特征值，表 6-4 和表 6-5 分别为 2007—2011 年各处理玉米单株生物量的 Logistic 回归方程和平均特征值。$Y=K_m/[1+EXP(a+b_t)]$，t 为玉米株高（或生物量）生长天数（d），Y 为玉米某一时期的株高（或生物量），a、b 和 K_m 是 3 个待定系数（$a>0$，$b<0$），它们都具有特定的生物学意义。K_m 表示玉米株高（或生物量）的理论最大值；当 $t_0=-a/b$

时，有 $d^2y/d^2t=0$，此时株高（或生物量）的增长速度达到最大值，即 $V_m=dy/dt=-bK_m/4$；t_0 表示玉米株高（或生物量）生长最快的时间，此时的株高（或生物量）增长速率又叫"速度特征值"。当 $t_1=(LN(2+1.732)-a)/b$，$t_2=(LN(2-1.732)-a)/b$ 时，有 $d^3y/d^3t=0$，即在 t_1 时刻 d^2y/d^2t 达最大值，t_2 时刻 d^2y/d^2t 达最小值。t_1 和 t_2 将 Logistic 函数的 S 型生长曲线分为 3 个生长阶段：在 $0\sim t_1$ 时段内，玉米株高（或生物量）呈缓慢增长的趋势；在 $t_1\sim t_2$ 时段内，玉米株高（或生物量）生长速度加快，几乎呈直线增加趋势；t_2 时刻以后，玉米株高（或生物量）生长速度减缓。$\triangle t=t_2-t_1$ 被称为"时间特征值"，表示玉米株高（或生物量）快速增长期的时间长短；在 $t_1\sim t_2$ 时间段内，$GT=-bK_m/4\triangle t$，GT 被称为"生长特征值"，表示玉米株高（或生物量）增长已达到最大增长量的 65.8% 以上。通过对 Logistic 曲线生长方程的分析，可以较好地把握玉米生长过程的三个阶段，对其生长过程进行科学解释。

从表 6-2 和表 6-3 中可以看出，与传统平作相比，各覆盖处理可显著影响玉米株高的理论最大值，但不同年份影响程度不同。研究期间，D+J 处理对玉米株高的影响最为显著，5 年平均株高理论最大值较 CK 显著增高 40.4 cm，增幅为 17.8%；D+D、D+S、D+Y 和 D+B 处理对株高理论最大值影响相似，分别较 CK 显著增高 28.5 cm、29.6 cm、27.0 cm 和 25.1 cm，增幅分别为 12.6%、13.1%、11.9% 和 11.1%。D+D 和 D+S 处理分别在播后 37 d 和 38 d 进入旺盛生长期，分别较 CK 提前 7 d 和 6 d；D+Y 和 D+B 处理较 CK 提前 1 d，而 D+J

表 6-2　不同处理 2007—2011 年春玉米株高生长的 Logistic 模型

处理	方程	R^2
	2007	
D+D	$H=259.885\ 5/[1+EXP(4.340\ 4-0.071\ 704X_1)]$	0.993 0
D+S	$H=256.795\ 4/[1+EXP(4.581\ 5-0.074\ 477X_1)]$	0.991 8
D+J	$H=252.598\ 7/[1+EXP(5.054\ 6-0.076\ 316X_1)]$	0.991 3
D+Y	$H=253.195\ 4/[1+EXP(4.313\ 7-0.064\ 829X_1)]$	0.992 8
D+B	$H=256.178\ 6/[1+EXP(4.169\ 9-0.061\ 040X_1)]$	0.993 8
CK	$H=235.464\ 2/[1+EXP(4.258\ 1-0.061\ 401X_1)]$	0.996 5

续表

处理	方程	R^2
	2008	
D+D	$H=276.943\ 1/[1+EXP(4.473\ 5-0.073\ 891X_1)]$	0.987 6
D+S	$H=273.529\ 4/[1+EXP(4.687\ 7-0.076\ 591X_1)]$	0.990 6
D+J	$H=272.328\ 1/[1+EXP(6.009\ 7-0.091\ 426X_1)]$	0.989 5
D+Y	$H=267.977\ 7/[1+EXP(5.579\ 4-0.085\ 669X_1)]$	0.990 6
D+B	$H=267.021\ 3/[1+EXP(5.492\ 4-0.084\ 157X_1)]$	0.991 1
CK	$H=227.489\ 6/[1+EXP(5.463\ 0-0.082\ 936X_1)]$	0.990 5
	2009	
D+D	$H=275.183\ 9/[1+EXP(4.261\ 8-0.085\ 406X_1)]$	0.998 7
D+S	$H=277.970\ 7/[1+EXP(4.346\ 7-0.085\ 471X_1)]$	0.998 5
D+J	$H=275.996\ 5/[1+EXP(4.806\ 9-0.088\ 742X_1)]$	0.997 6
D+Y	$H=265.781\ 3/[1+EXP(4.841\ 5-0.089\ 338X_1)]$	0.996 5
D+B	$H=262.133\ 8/[1+EXP(4.858\ 8-0.090\ 784X_1)]$	0.996 6
CK	$H=229.755\ 8/[1+EXP(5.009\ 8-0.090\ 771X_1)]$	0.997 0
	2010	
D+D	$H=266.077\ 0/[1+EXP(3.924\ 5-0.070\ 152X_1)]$	0.999 2
D+S	$H=267.859\ 7/[1+EXP(3.833\ 3-0.068\ 141X_1)]$	0.999 0
D+J	$H=304.064\ 5/[1+EXP(4.200\ 0-0.065\ 873X_1)]$	0.997 2
D+Y	$H=267.699\ 7/[1+EXP(4.076\ 3-0.066\ 157X_1)]$	0.998 2
D+B	$H=268.147\ 4/[1+EXP(4.121\ 5-0.065\ 337X_1)]$	0.997 9
CK	$H=256.935\ 6/[1+EXP(4.433\ 2-0.065\ 568X_1)]$	0.995 2
	2011	
D+D	$H=197.350\ 3/[1+EXP(3.865\ 7-0.088\ 766X_1)]$	0.999 0
D+S	$H=205.091\ 5/[1+EXP(3.909\ 2-0.086\ 662X_1)]$	0.999 2

续表

处理	方程	R^2
D+J	$H=230.036\ 2/[1+EXP(4.019\ 1-0.066\ 940X_1)]$	0.998 6
D+Y	$H=213.586\ 4/[1+EXP(3.657\ 2-0.064\ 460X_1)]$	0.994 4
D+B	$H=205.295\ 4/[1+EXP(3.590\ 8-0.063\ 488X_1)]$	0.996 1
CK	$H=183.462\ 1/[1+EXP(3.750\ 1-0.066\ 976X_1)]$	0.995 7

注：H 为株高，X_1 为生长天数，R^2 为决定系数。

表6-3 2007—2011年不同处理平均玉米株高特征值

处理	K_m	a	b	GT	t_1/d	t_0/d	t_2/d	$\triangle t$/d	V_{max} /(cm·d⁻¹)
D+D	255.1	4.17	-0.078 0	168.0	37	54	71	34	4.94
D+S	256.3	4.27	-0.078 3	168.7	38	55	72	34	4.99
D+J	267.0	4.82	-0.077 9	175.8	45	62	79	34	5.20
D+Y	253.7	4.49	-0.074 1	167.0	43	61	79	36	4.73
D+B	251.8	4.45	-0.073 0	165.8	43	61	80	37	4.62
CK	226.6	4.58	-0.073 5	149.2	44	63	81	37	4.17

注：GT 为生长特征值，$\triangle t$ 为时间特征，t_1、t_2 为进入、结束旺盛生长期的时间，t_0 为生长速率达最大的时间，V_{max} 为最大生长速度特征值，a、b 和 K_m 为待定系数（$a>0,b<0$），K_m 为玉米株高的理论最大值。

处理较 CK 推迟 1 d 进入旺盛生长期。各覆盖处理结束旺盛生长期的时间均较 CK 提前，D+D 和 D+S 处理较 CK 提前 10 d 和 9 d，D+Y 和 D+J 处理提前 2 d，D+B 处理仅较 CK 提前 1 d；各覆盖处理（除 D+B 处理）最快生长持续期较 CK 缩短，D+D、D+S 和 D+Y 处理较 CK 缩短 3 d，D+Y 处理较 CK 缩短 1 d。各覆盖处理下株高的最大生长速度（V_{max}）显著高于 CK，表现为 D+J>D+S>D+D>D+Y>D+B，其株高的 V_{max} 值分别较 CK 显著提高 24.9%、19.9%、18.6%、13.5%和 11.0%。

二、玉米生育期生物量动态模型特征值

2007—2011 年各处理对玉米单株生物量积累动态模拟方程及平均特征

值见表 6-4 和表 6-5。不同年份各处理对玉米单株生物量理论最大值的影响不同，各处理单株生物量的理论最大值表现为 D+S>D+D>D+J>D+Y>D+B>

表 6-4 不同处理 2007—2011 年春玉米生物量株高生长的 Logistic 模型

处理	方程	R^2
2007		
D+D	$W=303.814\ 4/[1+EXP(5.441\ 7-0.062\ 344X_1)]$	0.993 0
D+S	$W=301.112\ 5/[1+EXP(5.454\ 6-0.062\ 036X_1)]$	0.991 8
D+J	$W=265.279\ 4/[1+EXP(7.421\ 6-0.082\ 818X_1)]$	0.991 3
D+Y	$W=265.881\ 9/[1+EXP(6.847\ 0-0.075\ 879X_1)]$	0.992 8
D+B	$W=266.557\ 0/[1+EXP(6.744\ 7-0.072\ 852X_1)]$	0.993 8
CK	$W=243.919\ 9/[1+EXP(7.159\ 5-0.073\ 924X_1)]$	0.996 5
2008		
D+D	$W=474.923\ 7/[1+EXP(5.718\ 3-0.059\ 882X_1)]$	0.987 6
D+S	$W=477.191\ 8/[1+EXP(5.825\ 9-0.060\ 761X_1)]$	0.990 6
D+J	$W=436.050\ 5/[1+EXP(8.183\ 9-0.087\ 867X_1)]$	0.989 5
D+Y	$W=427.241\ 7/[1+EXP(7.292\ 4-0.077\ 467X_1)]$	0.990 6
D+B	$W=428.693\ 3/[1+EXP(7.398\ 4-0.077\ 376X_1)]$	0.991 1
CK	$W=385.837\ 7/[1+EXP(7.768\ 3-0.076\ 481X_1)]$	0.990 5
2009		
D+D	$W=459.328\ 0/(1+EXP(6.878\ 0-0.092\ 453X_1)]$	0.998 7
D+S	$W=464.239\ 4/(1+EXP(7.011\ 6-0.089\ 757X_1)]$	0.998 5
D+J	$W=410.425\ 0/(1+EXP(7.888\ 4-0.094\ 408X_1)]$	0.997 6
D+Y	$W=396.657\ 1/(1+EXP(7.783\ 8-0.093\ 956X_1)]$	0.996 5
D+B	$W=379.786\ 2/(1+EXP(7.559\ 7-0.088\ 603X_1)]$	0.996 6
CK	$W=264.886\ 4/(1+EXP(8.312\ 4-0.100\ 336X_1)]$	0.997 0

续表

处理	方程	R^2
	2010	
D+D	$W=478.332\ 4/[1+EXP(5.783\ 4-0.063\ 647X_1)]$	0.999 2
D+S	$W=479.225\ 5/[1+EXP(5.783\ 4-0.061\ 479X_1)]$	0.999 0
D+J	$W=512.695\ 0/[1+EXP(5.847\ 0-0.055\ 515X_1)]$	0.997 2
D+Y	$W=438.492\ 6/[1+EXP(5.931\ 8-0.056\ 851X_1)]$	0.998 2
D+B	$W=443.868\ 2/[1+EXP(5.781\ 1-0.054\ 500X_1)]$	0.997 9
CK	$W=331.721\ 9/[1+EXP(7.670\ 5-0.071\ 673X_1)]$	0.995 2
	2011	
D+D	$W=329.183\ 0/[1+EXP(4.524\ 7-0.049\ 919X_1)]$	0.999 0
D+S	$W=333.669\ 1/[1+EXP(4.678\ 9-0.050\ 038X_1)]$	0.999 2
D+J	$W=332.403\ 9/[1+EXP(6.367\ 5-0.056\ 683X_1)]$	0.998 6
D+Y	$W=270.257\ 5/[1+EXP(6.068\ 5-0.058\ 608X_1)]$	0.994 4
D+B	$W=266.027\ 3/[1+EXP(5.530\ 0-0.052\ 028X_1)]$	0.996 1
CK	$W=256.952\ 4/[1+EXP(5.964\ 1-0.046\ 498X_1)]$	0.995 7

注:W 为单株生物量,X_1 为生长天数,R^2 为决定系数。

CK,其平均理论最大生物量分别较 CK 显著增加 112.5 g、114.4 g、94.7 g、63.0 g 和 60.3 g,增幅分别为 37.9%、38.6%、31.9%、21.3%和 20.3%。CK 处理的生物量分别在播后 84 d 和 122 d 进入和结束旺盛积累期,其旺盛积累持续期为 38 d;各沟垄覆盖处理进入和结束旺盛积累期的时间均较 CK 提前,D+D、D+S、D+J、D+Y 和 D+B 处理进入旺盛积累期分别较 CK 处理提前 17 d、15 d、6 d、8 d 和 7 d;结束旺盛积累期分别较 CK 提前 13 d、11 d、7 d、8 d 和 5 d,其中 D+D、D+S 和 D+Y 处理的持续期较 CK 延长 4 d、4 d 和 2 d,而 D+J 处理的持续期较 CK 缩短 1 d。各处理下单株生物量的最大生长速度(V_{max})表现为 D+J>D+D>D+S>D+Y>D+B>CK,各沟垄覆盖处理 V_{max} 值分别较 CK 显著提高 33.2%、24.5%、34.3%、19.5%和13.1%。

表 6-5　不同处理 2007—2011 年春玉米地上生物量平均特征值

处理	K_{m}	a	b	GT	t_1/d	t_0/d	t_2/d	$\triangle t/\mathrm{d}$	V_{max} /(cm·d⁻¹)
D+D	409.12	5.67	−0.065 6	269.37	67	88	109	42	6.84
D+S	411.09	5.75	−0.064 8	270.67	69	90	111	42	6.78
D+J	391.37	7.14	−0.075 5	257.69	78	97	115	37	7.32
D+Y	359.71	6.78	−0.072 6	236.84	76	95	114	38	6.57
D+B	356.99	6.60	−0.069 1	235.05	77	97	117	40	6.21
CK	296.66	7.37	−0.073 8	195.33	84	103	122	38	5.49

注：GT 为生长特征值，$\triangle t$ 为时间特征，t_1、t_2 为进入、结束旺盛生长期的时间，t_0 为生长速率达最大的时间，V_{max} 为最大生长速度特征值，a、b 和 K_m 为待定系数（$a>0$，$b<0$），K_m 为玉米单株生物量的理论最大值。

第四节　沟垄集雨结合覆盖对玉米产量及经济效益的影响

一、玉米产量及其性状

由表 6-6 可知，由于光热条件和降雨情况的不同，各年际间玉米籽粒产量水平不同，表现为 2008 年＞2010 年＞2009 年＞2007 年＞2011 年，2008 年玉米生长期降水量（330 mm）最低，各处理籽粒产量最高，这是因为 2008 年玉米种植前土壤蓄水量较好，生长季降水分布合理；2011 年玉米生长期降水量（420 mm）最高，各处理产量最低。不同年份各覆盖处理玉米产量均较对照显著增加，而增产效果表现为 2011 年＞2009 年＞2010 年＞2008 年＞2007 年。

研究期间，D+D 和 D+S 处理、D+Y 和 D+B 处理下玉米产量无显著差异，但前两处理均显著高于后两处理；D+J 处理各年份表现不同：2007 年显著低于 D+D 和 D+S 处理，2008—2011 年显著高于 D+Y 和 D+B 处理，但与 D+D 和 D+S 处理差异不显著。各处理 5 年平均玉米籽粒产量高低顺序依次为 D+S＞D+D＞D+J＞D+Y＞D+B＞CK，其籽粒产量依次分别较 CK 显著增加 2 975.3 kg/hm²、2 901.3 kg/hm²、2 773.8 kg/hm²、1 700.3 kg/hm² 和 1 557.0 kg/hm²，增产率分别为 42.1%、41.1%、39.3%、24.1% 和 22.0%，以 D+S、D+D 和 D+J 处理增产最为显著。

不同年份各覆盖处理下玉米产量性状(穗长、穗粗、穗粒数和百粒重)差异有所不同,均显著高于对照(表6-6)。D+S、D+D、D+J、D+Y 和 D+B 处理 5年平均穗长分别较 CK 增加 2.4 cm、2.5 cm、3.1 cm、1.7 cm 和 1.4 cm,分别显著提高 13.6%、14.1%、17.5%、9.6%和 7.9%;穗粗分别较 CK 增加 0.5 cm、0.4 cm、0.3 cm、0.3 cm 和 0.2 cm,显著提高 10.0%、8.0%、6.0%、6.0%和 4.0%;穗粒数分别较 CK 增加 121.2 个、123.0 个、121.1 个、78.0 个和 63.9 个,分别显著提高26.0%、26.4%、26.0%、16.7%和 13.7%;百粒重分别较 CK 增加 3.6 g、3.4 g、3.5 g、2.3 g 和 1.9 g,分别显著提高 11.1%、10.4%、10.9%、7.1%和 5.7%。

表6-6 2007—2011 年不同处理玉米产量及产量性状

年份	处理	穗长 /cm	穗粗 /cm	穗粒数 /个	百粒重 /g	籽粒产量 /(kg·hm⁻²)	增产率 /%
2007	D+D	20.5a	5.1ab	551.8a	36.0a	9 402.0a	22.5
	D+S	20.2a	5.2a	548.8a	35.5ab	9 295.8a	21.1
	D+J	19.9a	5.0bc	538.7a	34.4bc	8 532.0b	11.2
	D+Y	19.9a	5.0bc	512.5b	34.4bc	8 310.7bc	8.3
	D+B	18.9b	4.9c	504.4b	34.3bc	8 188.9c	6.7
	CK	18.2c	4.9c	486.2c	33.4c	7 674.1d	—
2008	D+D	21.6b	5.6ab	646.5a	38.5a	11 792.0a	33.3
	D+S	21.6b	5.7a	651.2a	39.0a	11 847.0a	34
	D+J	22.7a	5.6ab	633.2a	38.3a	11 517.0a	30.2
	D+Y	20.8c	5.5ab	584.4b	37.9a	10 560.0b	19.4
	D+B	20.4cd	5.4bc	574.7b	37.8a	10 401.3b	17.6
	CK	20.0d	5.3c	551.1c	34.6b	8 844.0c	—
2009	D+D	21.0ab	5.4ab	620.5a	35.2bc	10 103.9a	41.6
	D+S	21.2ab	5.5a	629.5a	35.7ab	10 194.2a	42.8
	D+J	21.5a	5.4ab	635.3a	36.5a	10 568.3a	48.1
	D+Y	20.5bc	5.4ab	591.3b	34.5cd	9 244.1b	29.5
	D+B	20.0c	5.3b	574.5b	33.7d	9 021.4b	26.4
	CK	17.8d	5.0c	486.8c	32.3e	7 136.3c	—

续表

年份	处理	穗长 /cm	穗粗 /cm	穗粒数 /个	百粒重 /g	籽粒产量 /(kg·hm⁻²)	增产率 /%
2010	D+D	20.3b	5.4b	640.5b	35.8a	10 709.4a	42.3
	D+S	20.3b	5.6a	645.3b	35.0b	10 800.4a	43.6
	D+J	21.8a	5.4b	676.5a	35.4ab	11 035.4a	46.7
	D+Y	19.2c	5.3c	619.0c	34.0c	9 502.2b	26.3
	D+B	19.5c	5.4b	594.5d	33.0d	9 426.4b	25.3
	CK	18.3d	5.1d	520.8e	30.9e	7 523.6c	—
2011	D+D	17.4ab	5.3ab	485.3a	31.8ab	7 816.1a	88.8
	D+S	17.2ab	5.4a	460.8b	33.2a	8 056.1a	94.6
	D+J	18.0a	5.2ab	451.2b	33.5a	7 533.1a	82
	D+Y	16.8b	5.2ab	412.2c	31.2b	6 201.5b	49.8
	D+B	16.6b	5.1b	400.7c	31.0bc	6 063.8b	46.5
	CK	14.4c	4.8c	284.7d	29.4c	4 139.0c	—
5年平均	D+D	20.2b	5.4ab	588.9a	35.5a	9 964.7a	45.7
	D+S	20.1b	5.5a	587.1a	35.7a	10 038.7a	47.2
	D+J	20.8a	5.3bc	587.0a	35.6a	9 837.2a	43.6
	D+Y	19.4c	5.3bc	543.9b	34.4b	8 763.7b	26.7
	D+B	19.1c	5.2c	529.8c	34.0b	8 620.4b	24.5
	CK	17.7d	5.0d	465.9d	32.1c	7 063.4c	—

注:各列不同小写字母表示处理间差异显著($P<0.05$)。

二、经济效益

2007—2011 年各处理下平均经济效益分析见表 6-7,各处理平均产值大小顺序表现为 D+S>D+D>D+J>D+Y>D+B>CK。覆盖材料和操作中劳动力投入的不同,使各处理成本投入存在差异,D+J 处理能减少部分地膜的使用量,使 D+J 处理的总投入低于 D+D、D+S 和 D+Y 处理;在玉米收获后 D+S 处理与 D+D 处理相比可减少人工捡拾残膜所用开支;各处理总投入成本高低顺序依次为 CK<D+B<D+Y<D+J<D+S<D+D。D+J 处理 5 年平均净收入和产投比最高分别为 9 816.8 元/hm² 和 2.55;D+S 处理次之,分别为 9701.5 元/hm² 和 2.38。D+J 和 D+S 处理总净收入分别较 CK 增加 3 926.7 元/hm² 和 3 811.4 元/hm²;D+Y 处理总产值稍高于 D+B 处理,这是由于液态地膜的总投入较高,使其净收入和产投比均低于 D+B 处理。

表 6-7 2007—2011 年不同处理平均经济效益

单位:元/hm²

处理	劳动力投入	材料投入	种肥投入	总投入	总产值	净收入	产投比
D+D	2 700	1 170	3 500	7 370	16 486.0	9 116.0	2.24
D+S	2 250	1 280	3 500	7 030	16 731.5	9 701.5	2.38
D+J	2 250	1 035	3 500	6 335	16 151.8	9 816.8	2.55
D+Y	1 800	885	3 500	6 185	14 045.4	7 860.4	2.27
D+B	1 575	585	3 500	5 660	13 790.9	8 130.9	2.44
CK	1 350	0	3 500	4 850	10 740.1	5 890.1	2.21

注:劳动力投入为 30 元/(人·天),塑料地膜价格为 13 元/kg,生物降解膜价格为 14 元/kg,玉米秸秆价格为 0.1 元/kg,液态地膜价格为 7 元/kg,玉米种子价格为 1.8 元/kg。

第五节 讨论与结论

一、讨论

沟垄覆盖集雨种植模式可以改善土壤的水温状况,进而影响作物的生长发育(Ren, et al.,2008)。有研究表明,地膜覆盖种植能有效改善土壤的水温状况,加快作物的生育进程(段喜明等,2006)。任小龙等(2007)研究表明,与传统平作相比,沟垄覆盖处理使夏玉米生育期提前,显著增加玉米株高和地上部生物量。申丽霞等(2012)研究认为,降解地膜和普通地膜有较高的土壤温度和土壤水分含量,玉米各时期株高和地上部干物质量均明显高于裸地对照。张杰等(2010a)研究发现,垄覆地膜和生物降解膜处理均比传统平作能显著增加玉米株高、叶面积和生物量,而液膜的影响则不显著。王鑫等(2007)研究也表明,可降解膜能显著提高土壤水分和温度,提前玉米生育进程。在本研究中,沟垄覆盖处理玉米不同生育阶段的株高和生物量较传统平作都有所提高,然而不同处理在影响作物生长的动力学方面有本质的差别。D+D 和 D+S 处理较好的集雨增温效果,显著促进玉米生育前中期生长,使玉米生育前期株高及地上部生物量显著高于 CK,整个生育期提前。D+J 处理在生育前期土壤温度较低,玉米生长缓慢,但其土壤水分状况较好,对地上部生长的促进作用主要表现在生育中后期,在生育后期玉米株高和生物量显著高于 CK。D+Y 与 D+B 处理在玉米生育进程和地上生物量方面均无显著差异,这可归因于该处理下的土壤温度与水分状况相似。

王敏等(2011)的研究表明,与露地平作相比,平覆生物降解膜和地膜覆盖种植能显著提高玉米穗长、穗粗、百粒重和产量,秸秆覆盖处理显著降低了玉米穗长和百粒重而造成玉米减产。本研究结果表明,在沟垄全覆盖种植模式下,沟覆地膜、生物降解膜和秸秆处理均能显著增产,且其产量性状(穗长、穗粗、百粒重和穗粒数)均显著高于传统平作。D+D 和 D+S 处理在玉米产量及产量性状方面均无显著差异,这与张杰等(2010a)和申丽霞等(2011)的研究结果相似。本研究发现,与 2007 年(398.3 mm)、2009 年(378.1 mm)、2010 年(390.7 mm)和 2011 年(420.3 mm)相比,2008 年玉米生育期降水(330.3 mm)最少,而各覆盖处理的产量和水分利用效率最高,这与 2008 年播前土壤水分状况较好及生育期降水分配与玉米生长需水期比较吻合有关(廖允成等,2002)。2009 年玉米生育期降水虽相对较多,但生长中期降水较少(89.0 mm),造成 2009 年各处理产量较低。2007 年、2010 年和 2011 生育期降水最高,但产量低于 2008 年,可能是由于这些年份播前土壤蓄水量低于 2008 年,且降水分布不均(在玉米生长中后期以大暴雨或持续降雨为主),在一定程度上影响了作物产量的提高。由此表明,更高的玉米产量并不一定在丰水年,高产可能会发生在干旱年份。有关研究表明,沟垄覆盖处理的增产效果依赖于生长季的降雨量(Li, et al., 2001; Tian, et al., 2003),在干旱和平水年份,地膜覆盖垄沟集雨种植比传统平作提高玉米产量 60%~95%,在湿润年份提高 70%~90%,在较湿润年份提高 20%~30%(Li, et al., 2001);Ren, et al.(2010)的研究表明沟垄集雨种植的增产效果随生长季降雨量的增加而降低。本研究中,不同年份的增产顺序为 2011 年(丰水年)>2009 年(平水年)>2010 年

（平水年）>2008 年（干旱年）>2007 年（灾害年），这与 Ren,et al.(2010)的研究的结论不一致,可能与不同年份玉米不同生育时期降雨量的分布不同有关。

二、结论

1. 不同沟垄覆盖处理可明显影响玉米的生育进程,D+D、D+S、D+Y 和 D+B 处理在玉米各生育时期均较 CK 明显提前;D+J 处理下在玉米生育前期土壤温度较低,其出苗期和拔节期较 CK 推迟,但在生育后期与 CK 持平。

2. 与传统平作相比,不同生育时期各覆盖处理的玉米株高和生物量均明显提高, 然而不同沟垄覆盖材料在影响玉米生长的动力学方面有本质的差别。D+D 和 D+S 处理显著促进玉米前中期生长:出苗期—抽雄期玉米株高和生物量均显著高于 CK 和其他处理, 而在成熟期与 D+Y 和 D+B 处理无显著差异。D+J 处理对玉米生长的促进作用主要表现在中后期,拔节期玉米株高和生物量低于对照和其他处理, 而在灌浆和成熟期超过 D+Y 和 D+B 处理, 与 D+D 和 D+S 处理无差异（2007 年和 2008 年）或显著高于其他各处理（2009 年、2010 年和 2011 年）。

3. 与传统平作相比,各覆盖处理可显著影响玉米株高（或生物量）的理论最大值及其最大生长速度。D+J 处理对株高理论最大值影响最为显著,D+D、D+S、D+Y 和 D+B 处理对株高理论最大值的影响相似, 其株高的最大生长速度表现为 D+J>D+S>D+D>D+Y>D+B>CK。各处理单株生物量的理论最大值表现为 D+S>D+D>D+J>D+Y>D+B>CK, 其生物量的最大生长速度表现为 D+J>D+D>D+S>D+Y>D+B>CK。

4. 各处理 5 年平均玉米籽粒产量高低顺序依次为 D+S>D+D>D+J>D+Y>D+B>CK,其籽粒产量依次分别较 CK 显著增加 2 975.3 kg/hm²、2 901.3 kg/hm²、2 773.8 kg/hm²、1 700.3 kg/hm² 和 1 557.0 kg/hm², 增产率分别为 42.1%、41.1%、39.3%、24.1%和 22.0%。

5. 各处理总投入成本高低顺序依次为 D+D>D+S>D+J>D+Y>D+B>CK,平均产值大小顺序表现为 D+S>D+D>D+J>D+Y>D+B>CK。D+J 处理平均净收入和产投比最高（9 816.8 元/hm² 和 2.55）;D+S 处理次之（9 701.5 元/hm² 和 2.38）;D+Y 处理总产值稍高于 D+B 处理,其净收入和产投比均低于 D+B 处理。

第七章 沟垄集雨结合覆盖对玉米水分利用效率的影响

　　自然降水是旱地土壤水分的唯一来源,降水利用程度的高低受到耕作栽培措施的直接影响,研究旱作农业区抑制土壤水分蒸发、保墒,提高降水利用效率的技术是该区研究的热点问题。因此,如何以现有节水措施为基础更大幅度地提高有限降雨的利用效率、维持整个水资源的可持续利用和区域平衡已成为节水农业的主要课题。

　　沟垄集雨系统是提高降水生产潜力的关键所在,垄上覆膜的沟垄集雨系统可使当季无效和微效降水形成径流,叠加到种植沟内,促进降雨入渗,改善作物根区土壤水温状况,进而提高作物水分利用效率。垄上覆膜沟内不覆盖集雨种植模式虽在一定程度上提高了降雨利用效率和作物产量,但沟内不覆盖在利用自然降水、提高作物水分利用率方面受到一定的限制,进一步提高作物生产水平仍具有较大潜力。因此,在沟垄集雨模式下进行沟内覆盖可抑制土壤水分蒸发,对进一步提高降水利用率将具有重要意义。

　　目前,关于沟垄集雨结合覆盖种植模式的研究较少。针对渭北旱塬区年降水量少、季节分布不均,特别是玉米生育期干旱问题,从改善旱地玉米生长环境及提高降水的高效利用出发,本研究将垄上覆盖集雨与沟内覆盖保水相结合,通过垄上覆盖普通地膜沟内不同材料,以平作不覆盖种植为对照,研究不同沟垄集雨结合覆盖种植模式对作物水分利用效率的影响,为完善旱作区集雨种植栽培技术提供一定的理论依据。

第一节 测定与方法

试验区因地下水位较深,多在 50 m 以下,故地下水上移补给量、深层渗漏、地面径流均忽略不计,作物总耗水量(ET)可用以下公式计算(尚金霞等,2010):

$$ET = W_1 - W_2 + P$$

式中,ET 指作物的总耗水量,mm;W_1 指播前的土壤蓄水量,mm;W_2 指收获后的土壤蓄水量,mm;P 指生育期内的降雨量,mm,式中土壤的蓄水量及总耗水量均以 2 m 土层含水量计算。

作物阶段耗水量(ET_i)采用以下公式计算(Li, et al., 2013):

$$ET_i = W_i - W_{i+1} + P'$$

式中,ET_i 指作物的阶段耗水量,mm;W_i 指某个生育期初始时的土壤蓄水量,mm;W_{i+1} 指该生育时期结束时土壤蓄水量,mm;P' 指某一生育阶段的降雨量,mm;式中土壤蓄水量及阶段耗水量均以 2 m 土层含水量计算。

水分利用效率采用以下公式计算(Hussain and Al-Jaloud, 1995):

$$WUE = Y / ET$$

其中,WUE 为水分利用效率,Y 为玉米籽粒产量,ET 为玉米生育期的耗水量。

第二节 沟垄集雨结合覆盖下玉米生育时期阶段耗水量

由于覆盖能够改变土壤的水分状况,从而影响作物的生长,作物各生育阶段的耗水量也随之改变。表 7-1 表明,不同沟垄覆盖处理玉米生育期阶段耗水量(ET_i)存在明显差异,玉米生长前期(播后 0~60 d),玉米植株较小,水分消耗主要以田间土壤的无效蒸发为主,各覆盖处理均明显抑制以土壤裸间蒸发为主的农田蒸散量,其中 D+J 处理的抑蒸效应最为显著,该时期其 5 年平均耗水量较 CK 减少 19.5 mm,D+D、D+S、D+Y 和 D+B 处理分别较 CK 减少 8.1 mm、8.1 mm、10.1 mm 和 8.1 mm。

生育中期(播后 60~120 d),玉米进入旺盛生长阶段,农田蒸散转变为以作物蒸腾为主的水分消耗,各覆盖处理作物耗水量均显著高于 CK。播后 60~90 d,D+D 和 D+S 处理耗水量与 CK 差异最大,5 年平均分别较 CK 显著增加 20.9 mm 和 21.3 mm;播后 90~120 d,D+J 和 D+B 处理耗水量与 CK 差异达到最大,5 年平均分别较 CK 显著增加 16.0 mm、11.8 mm。

生育末期(播后 120~140 d)D+D 和 D+S 处理下土壤温度较高,玉米成熟期提前,阶段耗水量分别较 CK 处理降低 10.1 mm 和 10.5 mm;D+J 处理使作物生育期延长,5 年平均耗水量较 CK 处理显著增加 3.0 mm;该阶段 D+Y 和 D+B 处理与 CK 处理无显著差异。各沟垄覆盖改变了作物耗水模式,使水分消耗由物理过程向生理过程转化,由无效消耗向有效消耗转化,这为玉米光合积累和产量形成提供了有利条件。

表 7-1　2007—2011 年不同处理对玉米生育阶段耗水量的影响

单位:mm

年份	处理	0~60 d	60~90 d	90~120 d	120~140 d
2007	D+D	80.3ab	127.5a	135.0a	52.2ab
	D+S	82.1ab	128.5a	134.4a	45.8b
	D+J	73.4c	128.5a	137.3a	60.2a
	D+Y	86.1a	117.5b	144.3a	54.0ab
	D+B	88.8a	116.5b	147.2a	47.6b
	CK	87.6a	119.0b	147.5a	57.7a
2008	D+D	90.4b	134.9a	136.7a	74.4c
	D+S	91.7b	135.3a	135.3a	77.0bc
	D+J	84.3c	113.9b	139.6a	96.3a
	D+Y	88.5bc	114.7b	134.2a	83.1b
	D+B	90.5b	111.2b	134.8a	79.2bc
	CK	104.1a	103.3c	118.5b	83.2b

续表

年份	处理	0~60 d	60~90 d	90~120 d	120~140 d
2009	D+D	84.4b	137.5a	122.1a	74.0d
	D+S	81.2b	138.8a	120.0a	78.8cd
	D+J	79.7c	122.3b	120.2a	95.3a
	D+Y	84.8b	121.6b	114.2b	85.3bc
	D+B	83.2b	119.7bc	116.0b	86.8c
	CK	89.6a	116.4c	108.3c	80.4c
2010	D+D	88.1ab	121.1bc	130.2a	79.8b
	D+S	86.9b	125.5ab	129.8a	78.8b
	D+J	78.7c	126.0a	129.4a	88.1a
	D+Y	89.6ab	118.5c	125.5a	78.4b
	D+B	90.3a	117.5c	127.9a	80.0b
	CK	94.1a	107.7d	116.2b	80.9b
2011	D+D	127.7b	92.8a	79.1b	17.1d
	D+S	128.9b	88.0a	80.2b	15.3d
	D+J	98.0d	74.1b	106.5a	23.3c
	D+Y	111.8c	75.5b	78.7b	34.4b
	D+B	118.1c	73.9b	86.2b	25.4c
	CK	136.0a	63.1c	62.7c	45.8a
5年平均	D+D	94.2ab	122.8a	120.6ab	59.5b
	D+S	94.2ab	123.2a	119.9ab	59.1b
	D+J	82.8b	113.0ab	126.6a	72.6a
	D+Y	92.2ab	109.6b	119.4ab	67.0ab
	D+B	94.2ab	107.8b	122.4ab	63.8ab
	CK	102.3a	101.9b	110.6b	69.6a

注:各列不同小写字母表示处理间差异显著($P<0.05$)。

第三节 沟垄集雨结合覆盖对作物总耗水量和水分利用效率的影响

2007—2011 年各处理作物总耗水量（ET）随玉米产量的增加而增加（表7-2），其中 D+D、D+S 和 D+J 处理总耗水量无显著差异，D+Y、D+B 和 CK 处理总耗水量亦无显著差异，但前者处理（D+D、D+S 和 D+J）显著高于后者处理（D+Y、D+B 和 CK）。2007 年对照下玉米总耗水量显著高于各集雨处理，这可能由于该年 7 月底发生灾害性大冰雹天气，严重影响了各覆盖处理玉米后期灌浆，其总耗水量低于对照。2007—2011 年各处理对玉米水分利用效率（WUE）的影响与产量效果一致，5 年平均水分利用效率表现为 D+S>D+D>D+J>D+Y>D+B>CK，各覆盖处理的水分利用效率依次分别较对照提高

表 7-2 2007—2011 年不同处理下作物总耗水量和水分利用效率

年份	处理	籽粒产量/(kg·hm⁻²)	土壤蓄水量/mm		生育期降水量/mm	总耗水量/mm	水分利用效率/(kg·hm⁻²·mm⁻¹)
			播前	收获			
2007	D+D	9 402.0a	444.9a	448.2ab	398.3	395.0ab	23.8a
	D+S	9 295.8a	444.9a	452.4a		390.8b	23.8a
	D+J	8 532.0b	444.9a	443.8b		399.4b	21.4b
	D+Y	8 310.7bc	444.9a	441.3b		402.2ab	20.4c
	D+B	8 188.9c	444.9a	443.1b		400.1b	20.5c
	CK	7 674.1d	444.9a	431.4c		411.8a	18.6d
2008	D+D	11 792.0a	520.1a	413.9a	330.3	436.5a	27.0a
	D+S	11 847.0a	521.1a	412.2a		439.3a	27.0a
	D+J	11 517.0a	520.8a	417.0a		434.1a	26.5ab
	D+Y	10 560.0b	504.2b	414.0a		420.5b	25.1b
	D+B	10 401.3b	506.2b	420.8a		415.6b	25.0b
	CK	8 844.0c	499.2b	420.3a		409.1b	21.6c

续表

年份	处理	籽粒产量 /(kg·hm⁻²)	土壤蓄水量/mm		生育期降水量/mm	总耗水量 /mm	水分利用效率 /(kg·hm⁻²·mm⁻¹)
			播前	收获			
2009	D+D	10 103.9a	442.0ab	402.7b	378.8	418.1a	24.2a
	D+S	10 194.2a	441.1b	401.0b		418.8a	24.3a
	D+J	10 568.3a	451.7a	413.0a		417.5a	25.3a
	D+Y	9 244.1b	438.8bc	411.7a		405.9b	22.8b
	D+B	9 021.4b	432.9bc	405.9ab		405.8b	22.2b
	CK	7 136.3c	426.1c	410.2a		394.7c	18.1c
2010	D+D	10 709.4a	446.6b	418.0a	390.7	419.3a	25.5a
	D+S	10 800.4a	446.7b	416.3a		421.1a	25.7a
	D+J	11 035.4a	458.2a	426.8a		422.1a	26.1a
	D+Y	9 502.2b	442.8b	422.3a		411.0b	23.1b
	D+B	9 426.4b	443.0b	418.1a		415.6b	22.7b
	CK	7 523.6c	428.9c	421.7a		399.0c	18.9c
2011	D+D	7 816.1a	473.9ab	577.6b	420.3	316.6a	24.7a
	D+S	8 056.1a	472.8ab	580.9b		312.2a	25.8a
	D+J	7 533.1a	476.9a	595.5a		301.7b	25.0a
	D+Y	6 201.5b	468.8b	588.9ab		300.2b	20.7b
	D+B	6 063.8b	465.1b	582.0b		303.4b	20.0b
	CK	4 139.0c	468.2b	581.1b		307.4ab	13.5c
5年平均	D+D	9 964.7a	465.5ab	452.1a	383.9	397.1a	25.0a
	D+S	10 038.7a	465.3ab	452.6a		396.4a	25.3a
	D+J	9 837.2a	470.5a	459.2a		395.0a	24.9a
	D+Y	8 763.7b	459.9b	455.6a		388.0b	22.4b
	D+B	8 620.4b	459.0bc	454.0a		388.1b	22.1b
	CK	7 063.4c	454.8c	452.9a		384.4b	18.1c

注:各列不同小写字母表示处理间差异显著($P<0.05$)。

7.2 kg/(hm²·mm)、6.9 kg/(hm²·mm)、7.6 kg/(hm²·mm)、4.3 kg/(hm²·mm)和 3.9 kg/(hm²·mm),分别提高 39.6%、38.1%、37.1%、23.6%和 21.8%。

第四节　讨论与结论

一、讨论

　　土壤表面覆膜可防止直接土壤在垂直方向的水分蒸发,并改变作物水分的消耗模式,即它可减少蒸发,增加蒸腾,促进生物量积累,它可改变水的消耗从土壤水分蒸发到作物蒸腾,或从无效消耗到有效消耗,从而提高作物产量和水分利用效率(Ramakrishna,et al.,2006;Fang,et al.,2009)。朱自玺(2000)和方文松等(2009)研究认为,覆盖可改变作物的耗水模式,使水分消耗由无效向有效转化,从而提高作物产量和水分利用效率。Li,et al.(2010)研究表明,不同垄沟覆盖处理可调节不同生长阶段的耗水量。秸秆覆盖和地膜覆盖可减少土壤表面水分蒸发,降低总耗水量,但效果不明显(Fan,et al.,2001,2002)。本研究中,不同覆盖处理均能减少前期蒸发、增加后期蒸腾,且玉米不同生育阶段的耗水量有所不同:D+D 和 D+S 处理土壤温度较高,作物生长较快,在播后 0~60 d 和 120~140 d 玉米阶段耗水量显著低于 CK,而在播后 60~120 d 显著高于 CK;D+J 处理土壤温度较低,作物生长缓慢,生长季节延长,在播后 0~60 d 玉米阶段耗水量显著低于其他处理,而在 120~140 d 显著高于其他处理。这主要由于 D+J 处理使土壤高温时降温,低温时增温,从而有效减少土壤水分蒸发和保持水分(Chen,et al.,2015b)。D+Y 和 D+B 处理下玉米阶段耗水量在播后 60~120 d 显著高于 CK,但在播后 120~140 d 时显著高于其他处理。由此表明,不同沟垄覆盖材料可调控作物不同生育阶段的耗水强度,这与樊向阳等(2001,2002)和李尚中等(2010)的研究结果一致。

　　沟垄覆盖集雨种植模式可有效改善土壤的水温状况,提高作物产量和农田水肥利用效率(任小龙等,2010;刘艳红等,2010;杨海迪等,2011)。Li,et al.(2001)研究也发现,沟垄覆膜集雨种植模式均比传统平作显著提高玉米产量和水分利用效率。本研究表明,垄覆地膜沟内覆盖不同材料较沟内不覆盖能进一步改善土壤水温状况,使玉米产量和水分利用效率显著提高。由于不同覆盖材料的增温保墒效果不同，其对作物产量及水分利用效率的影响亦不同。地膜具有不透气、透光性、质轻耐久等特性及显著的增温保水和增产作用（王彩绒等，2004），Moreno and Moreno（2008）研究认为，生物降解膜虽在早期有一定程度的降解但作物产量与普通地膜无差异，这与本研究结果相似。秸秆覆盖对作物产量和水分利用效率的影响受不同气候条件的限制，过早覆盖秸秆使土壤温度低于作物生长的最适温度，造成作物减产（高亚军和李生秀，2005）。本试验发现，D+J 处理下土壤温度较对照低，但并未影响其玉米产量和水分利用效率的提高。原因可能有两个方面：一是 D+J 处理下土壤水分较好；二是玉米种于沟内垄膜两侧，垄上覆盖地膜的增温效果一定程度上可以弥补低温效应对玉米生长的影响。张春艳和杨新民（2008）的研究表明，覆盖液体地膜比平作增产 17.4%。而本研究中 D+Y 和 D+B 处理玉米产量和水分利用效率并未表现出明显差异，这可能与液体地膜喷施后成膜效果较差，且易受外界环境条件影响（Mahmoudpour and Stapleton，1997），导致增产效果不稳定有关。

二、结论

1. 不同沟垄覆盖处理对作物不同生育阶段耗水量的影响不同。D+D 和 D+S 处理播后 0~60 d 和 120~140 d 玉米阶段耗水量显著低于 CK，而在播后 60~120 d 显著高于 CK；D+J 处理在播后 0~60 d 玉米阶段耗水量显著低于其他处理，而在 120~140 d 显著高于其他处理。D+Y 和 D+B 处理下播后 60~120 d 玉米阶段耗水量显著高于 CK。

2. 不同沟垄覆盖处理可显著提高春玉米水分利用效率，以垄覆地膜沟覆秸秆处理（D+J）玉米水分利用效率提高效果最佳，垄覆地膜沟覆地膜（D+D）和垄覆地膜沟覆生物降解膜处理（D+S）次之，其平均水分利用效率分别较 CK 显著提高 39.6%、38.0%、37.0%。

第八章 半湿润易旱区春玉米沟垄集雨结合覆盖技术适应性研究

第一节 研究背景

水资源短缺和年降水量分布不均严重限制作物的生长。春季作物苗期干旱突出,土壤含水量较低,严重影响播种、出苗、生长发育。同时,中后期作物处于夏季干旱期,高温干旱对作物生长影响显著,降低了作物产量。虽然这些因素导致作物生产力低下,但雨水利用不足和农业生态系统中土壤退化加剧是这一问题的核心。特别是在典型的黄土高原半湿润易旱地区,年降水量在500~700 mm 之间,常规种植往往导致雨水收集及利用效率显著不足,从而导致大面积的地表径流。土壤质量的退化,主要表现为土壤有机碳的减少,可能进一步加速作物产量的下降。因此,解决这一问题的主要途径在于沟垄集雨覆盖技术和土壤养分管理的创新,以提高作物生产力和土壤固碳效果。

为了缓解这些问题,在过去的几十年里,许多管理策略已经被应用于半湿润地区提高作物产量、水分利用效率和土壤固碳等方面,如保护性耕作、垄沟覆盖、地膜覆盖(包括塑料薄膜、可降解薄膜、作物秸秆、砂砾覆盖等)。这些做法已经在很大程度上受到农民欢迎,特别是采用垄沟结合地膜覆盖是提高灌溉无效地区水分利用效率和产量的最有效措施之一。近年来,另一种发展和广泛采用的技术是垄沟双地膜覆盖。众多研究表明,与传统平作相比,该技术可提高土壤温度,尤其是在苗期增加土壤水分,提高水分利用效率和作物产量。近年来,广泛应用的垄沟双地膜覆盖技术特点是大量使用聚乙烯塑料薄膜,产生了大量的残膜"白色污染",会破坏雨养农业生态系统的可持续发展。因此,开发利用环保型地膜材料受到了广泛的关注。

近年来，生物可降解和可再生农业原料的液体膜逐渐成为可用于替代聚乙烯薄膜的一种农业环境友好型材料。生物可降解材料,由于在土壤中细菌、真菌和藻类等微生物的作用而加速降解,并矿化成二氧化碳或甲烷、水和生物量,可自行降解。然而,生物可降解材料可与有机材料结合,以产生富碳有机肥,在使用时必须保持其物理和机械性能,使用结束时还必须可堆肥或被微生物降解。液体膜是一种聚合物混合物,它与土壤颗粒结合,加水后喷洒在土壤上形成黑色的固化膜,可抑制土壤水分蒸发和改善土壤的热状况。土壤有机碳对于维持土壤养分库和提高养分有效性非常重要，而土壤有机碳平衡也是农业生态系统可持续性的主要指标之一。有研究发现,覆膜和不覆膜在土壤有机碳含量方面没有显著差异，这是由于塑料薄膜覆盖下增加的生物量可抵消由于矿化而造成有机碳的损失。因此,有必要研究在沟垄集雨结合覆盖条件下,采用环保型材料进行沟垄集雨结合覆盖对作物生产力和土壤有机碳的影响。

采用环保型材料进行垄沟覆盖,与双垄沟覆盖相比,可使地膜使用量减少50%,显著缓解"白色污染"。此外,它在维持土壤碳汇方面有显著作用。虽然有一些关于垄沟集雨结合地膜覆盖方面的研究,而这些研究主要集中在年降水量为200~500 mm 的干旱、半干旱地区,但这并不完全适合年降水量为500~700 mm 半湿润易旱区作物生产。因此，本研究进行为期5年的定位研究,将垄膜集雨与沟内覆盖不同材料相结合,研究不同覆盖材料的沟垄耕作结合覆盖对土壤水温效应、玉米生物量积累、产量和水分利用效率的影响,比较分析沟垄集雨结合覆盖措施下土壤有机碳、氮及碳氮比的差异,以期为优化渭北旱塬半湿润易旱地区玉米产量和生态系统可持续性的垄沟覆盖耕作方式。

第二节 沟垄集雨结合覆盖对土壤水肥热 与玉米生产力综合分析

一、数据分析方法

试验数据利用 SPSS 21.0 进行单因素方差分析,利用最小显著性差异法

(LSD)进行显著性检验。土壤温度、土壤蓄水量、土壤有机碳、土壤全氮、生物量、籽粒产量和水分利用效率。变异的来源包括年份、覆盖模式以及二者相互作用。利用主成分分析对相应指标进行综合评价。

二、试验因素差异

生育期 0~200 cm 层平均土壤蓄水量、0~25 cm 层平均土壤温度、收获期0~40 cm 层土壤有机碳、土壤全氮、玉米生物量、籽粒产量和水分利用效率的方差分析使确定差异的来源成为可能(表 8-1)。沟垄集雨结合覆盖对土壤蓄水量、地温、玉米生物量、籽粒产量、水分利用效率等试验因子均有显著影响,不同年份间差异有统计学意义($P<0.05$)。土壤有机碳和全氮在沟垄集雨结合覆盖处理间差异无统计学意义($P>0.05$),年份×沟垄集雨结合覆盖系统互作对各因素均无影响。

表 8-1　土壤质量因子、生物量、籽粒产量、耗水量、水分利用效率处理间与年际间交互分析

来源	土壤温度	土壤蓄水量	土壤有机碳	土壤全氮	生物量	籽粒产量	作物总耗水量	水分利用效率
沟垄集雨结合覆盖系统	**	**	ns	ns	**	**	**	**
年份	**	**	ns	ns	**	**	**	**
年份×沟垄集雨结合覆盖系统	ns	ns	ns	ns	ns	ns	ns	ns

注:** 表示差异极显著 $P<0.01$,ns 表示差异不显著 $P>0.05$。

三、不同生育期土壤水热特征与春玉米产量相关性

沟垄集雨结合覆盖模式下生育期 0~200 cm 层土壤蓄水量、0~25 cm 层土壤温度与玉米产量的相关分析结果表明(表 8-2),土壤蓄水量与玉米产量在播种期、大喇叭口期均呈极显著正相关,而在抽雄至收获期土壤蓄水量与玉米产量无显著相关。而在灌浆期土壤温度与玉米产量呈极显著负相关关系,而在其他生育期土壤温度与玉米产量无显著相关。可见,在玉米生长前期(播种至大喇叭口期),土壤蓄水量可显著影响玉米产量,对玉米产量的形成至关重要。然而,在灌浆期土壤温度过高可影响玉米籽粒灌浆和产量的形成。因此,在玉米生育期土壤蓄水量对玉米产量形成的影响程度高于土壤温度。

表 8-2　玉米不同生育期土壤水温与产量相关性

生育期	播种期	拔节期	大喇叭口期	抽雄期	灌浆期	收获期
土壤蓄水量	0.902**	0.927**	0.885**	0.230	−0.261	−0.277
土壤温度	0.290	0.258	0.263	−0.365	−0.611**	0.387

注:** 表示差异极显著 $P<0.01$。

四、玉米产量形成对土壤水热肥的响应特征

从单一指标评价结果可知,不同处理下玉米产量、生物量、生育期平均 0~200 cm 层土壤蓄水量、0~25 cm 层平均土壤温度、收获期 0~40 cm 层平均土壤养分等指标无法达到最优。因此,以单一指标评价沟垄集雨结合覆盖系统优劣不具有说服力。因此,将玉米产量、生物量、水分利用效率、生育期平均 0~200 cm 层土壤蓄水量、0~25 cm 层平均土壤温度、收获期 0~40 cm 层平均土壤有机质、土壤全氮等指标指标通过主成分分析法,提炼出较少且彼此独立的新变量,并且将其组合成相互独立的少量几个能反映玉米产量形成贡献的重要因子,最后通过综合得分值来筛选出适应当地玉米生产的沟垄集雨栽培模式(表 8-3)。数据分析结果表明,2 个主要成分的特征值大于 1,累计方差贡献率为 94.93%,具有较强的代表性。其中第一主成分的特征值 3.63,可以反映原始数据信息量的 51.90%;第二主成分特征值 3.01,可反映原始信息量的 43.03%。可见,第一、第二主成分在很大程度上能代表土壤水热肥及作物生长指标对玉米产量形成的影响。

表 8-3　主成分特征值及贡献率

成分	特征值	贡献率/%	累积贡献率/%
第一主成分	3.63	51.90	51.90
第二主成分	3.01	43.03	94.93
第三主成分	0.26	3.73	98.66

由因子载荷分布图可知(图 8-1),除土壤有机质外,其余指标均在第一主成分的正方向上,其中玉米产量(0.518)和水分利用效率(0.518)的载荷值最大,其次为土壤蓄水量(0.416)和生物量(0.399),土壤有机质的第一主成分

载荷值最小(−0.103)。而第二主成分的正方向上主要是土壤肥力指标,包括土壤蓄水量、土壤有机质和土壤全氮,负方向上主要是产量评价指标和土壤环境指标,包括产量、生物量、水分利用效率和土壤温度。根据不同年份各处理的主成分综合得分结果,以此评价不同沟垄集雨结合覆盖处理的优劣。由各指标综合得分可知,不同沟垄集雨结合覆盖技术处理对玉米产量形成的影响表现为 D+J>D+Y>D+S>D+B>CK>D+D,以 D+J 处理表现效果最佳,其次为 D+Y 和 D+S 处理。这表明,沟垄集雨结合覆盖技术可大大提高沟内土壤水分有效性,调节土壤温度,促进春玉米生长及生物量积累,并显著提高玉米生产力量,以垄覆地膜沟覆秸秆处理(D+J)最佳,垄覆地膜沟覆生物降解膜(D+S)和垄覆地膜沟覆液体地膜处理(D+Y)次之。

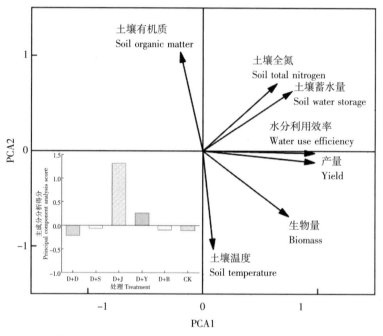

图 8-1 PC1 和 PC2 相关因子载荷分布和主成分得分

第三节　建议与启示

在黄土高原旱作区,旱地农业经常遇到降水量少而不稳定的情况,而且由于各种自然和社会因素,土壤也遭受严重的退化。然而,当地农民普遍采用作物产量低、水分利用效率低的传统平作方式。因此,我们迫切需要一种创新的种植模式来提高作物生产力和改善土壤肥力。

在渭北旱塬半湿润易旱区,我们 5 年的研究结果表明,沟垄集雨结合覆盖技术大大提高沟中土壤水分的有效性,调节土壤温度,促进春玉米生长及生物量积累,并显著提高玉米籽粒产量和水分利用效率,获得较大的经济效益。同时,垄沟降雨结合覆盖技术对玉米阶段耗水量影响不显著,但对作物生长关键期水分有效利用有调节作用。另外,与传统平作相比,沟垄集雨结合覆盖模式在提高玉米生产力和土壤固碳方面更为有效。然而,虽然这种模式需要一定的投入,但玉米产量收入可抵消成本投入,所以对于提高半湿润易旱地区春玉米产量和农民收入方面来说或许是更好的选择。

在旱作区,农民很可能不关心农业的劳动力成本(包括人工起垄)。此外,可降解地膜和作物秸秆是一种成本较低的环保材料。因此,从环境和经济可行性考虑,垄覆地膜沟覆可降解膜或作物秸秆结合模式更有利,能减少塑料地膜对土壤和环境的污染,降低成本投入,将是实现玉米产量和土壤生产力平衡的一个最有利的选择,这种种植技术也可应用于年降水量 500~700 mm 其他类似的半湿润易旱地区。

参考文献

[1] 白秀梅,卫正新,郭汉清,等.旱地起垄覆膜微集水种植技术的生态效应研究[J].耕作与栽培,2006,1:8-9.

[2] 白秀梅,卫正新,郭汉清.起垄覆膜微集水技术对玉米生长发育及产量的影响[J].山西水土保持科技,2007,6(2):12-15.

[3] 鲍士旦.土壤农化分析[M].北京:中国农业出版社,2003.

[4] 卜玉山.不同覆盖物农田生态效应与作物增产机理研究[D].太谷:山西农业大学,2004.

[5] 卜玉山,苗果园,周乃健,等.地膜和秸秆覆盖土壤肥力效应分析与比较[J].中国农业科学,2006,39(5):1069-1075.

[6] 卜玉山,苗果园,邵海林,等.对地膜和秸秆覆盖玉米生长发育与产量的分析[J].作物学报,2006,32(7):1090-1093.

[7] 蔡焕杰,王健,王刘栓.降雨聚集条件下节水高效农业综合技术[J].干旱地区农业研究,1998,16(3):78-83.

[8] 蔡太义,贾志宽,孟蕾,等.渭北旱塬不同秸秆覆盖量对土壤水分和春玉米产量的影响[J].农业工程学报,2011,27(3):43-48.

[9] 蔡太义.渭北旱塬不同量秸秆覆盖对农田环境及春玉米生理生态的影响[D].杨凌:西北农林科技大学,2011.

[10] 蔡太义,陈志超,黄会娟,等.不同秸秆覆盖模式下农田土壤水温效应研究[J].农业环境科学学报,2013,32(7):1396-1404.

[11] 曹慧,孙辉,杨浩,等.土壤酶活性及其对土壤质量的指示研究进展[J].应用与环境生物学报,2003,9(1):105-109.

[12] 吕江南,王朝云,易永健.农用薄膜应用现状及可降解农膜研究进展[J].中国麻业科学,2007,29(3):150-157.

[13] 陈保莲,王仁辉,程国香.乳化沥青在农业上的应用[J].石油沥青,2001,15(2):44-47.

[14] 陈翠华,张伟.论秸秆覆盖技术的发展[J].农机化研究,2009,(8):225-227.

[15] 陈建华,王鹏,孟令辉,等.新型淀粉填充型塑料地膜的研制[J].材料科学与工艺,

2006,14（5）：482-484.

［16］陈素英,张喜英.秸秆覆盖对夏玉米生长过程及水分利用的影响［J］.干旱地区农业研究,2002,20（4）：55-57,66.

［17］陈伟通,罗锡文,周志艳,等.液体地膜覆盖对直播稻抵御芽期低温的效果［J］.华南农业大学学报,2010,31（1）：99-101.

［18］崔光辉.水稻垄作稻-菇-鱼立体共生复合群体结构模式的研究［J］.现代化农业,1997,（2）：7-8.

［19］大增二郎.保证水稻增产的新发明——水温上升剂OED［J］.农业科学,1959,（23）：14.

［20］段喜明,吴普特,白秀梅,等.旱地玉米垄膜沟种微集水种植技术研究［J］.水土保持学,2006,20（1）：143-146.

［21］邓振镛.铺上了沙砾的农田［J］.科学大众,1966,（5）：6-7.

［22］丁瑞霞.微集水种植条件下土壤水分调控效果及作物的生理生态效应［D］.杨凌:西北农林科技大学,2006.

［23］丁瑞霞,贾志宽,韩清芳,等.宁南旱区微集水种植条件下谷子边际效应和生理特性的响应［J］.中国农业科学,2006,39（3）：494-501.

［24］樊向阳,齐学斌,郎旭东,等.晋中地区春玉米田集雨覆盖试验研究［J］.灌溉排水学报,2001,20（2）：29-32.

［25］樊向阳,齐学斌,郎旭东,等.不同覆盖条件下春玉米田耗水特征及提高水分利用率研究［J］.干旱地区农业研究,2002,20（2）：60-64.

［26］方日尧,同延安,梁东丽,等.黄土旱塬不同覆盖对春玉米产量及土壤环境影响［J］.应用生态学报,2003,14（11）：1897-1900.

［27］方文松,朱自玺,刘荣花,等.秸秆覆盖农田的小气候特征和增产机理研究［J］.干旱地区农业研究,2009,27（6）：123-128.

［28］方彦杰.旱地全膜双垄沟播玉米土壤水温、光合生理及产量表现研究［D］.兰州:甘肃农业大学,2010.

［29］冯良山,孙占祥,肖继兵,等.不同微集水方式在不同降水年型对玉米产量的影响［J］.东北农业大学学报,2011a,42（1）：50-54.

［30］冯良山,孙占祥,肖继兵,等.辽西地区微集水不同覆盖方式对玉米生长发育的影响［J］.干旱地区农业研究,2011b,29（3）：118-121,143.

［31］冯应新,钱加绪.甘肃省集水高效农业研究［J］.西北农业学报,1999,8（3）：93-97.

［32］付登强.麻地膜覆盖的保水保温特性及对作物的影响［D］.北京:中国农业科学院,2008.

［33］高世铭,马天恩,田富林.旱地春小麦全生育期地膜覆盖栽培技术研究初报［J］.甘肃

农业科技,1987,(1):22-26.

[34] 高亚军,李生秀.旱地秸秆覆盖条件下作物减产的原因及作用机制分析[J].农业工程学报,2005,21(7):15-19.

[35] 巩杰,黄高宝,陈利顶,等.旱作麦田秸秆覆盖的生态综合效应研究[J].干旱地区农业研究,2003,21(3):69-73.

[36] 关松荫,张德生,张志明.土壤酶学研究方法[M].北京:农业出版社,1986,220-249.

[37] 韩娟,廖允成,贾志宽,等.半湿润偏旱区沟垄覆盖种植对冬小麦产量及水分利用效率的影响[J].作物学报,2014,40(1):101-109.

[38] 韩清芳,李向拓,王俊鹏,等.微集水种植技术的农田水分调控效果模拟研究[J].农业工程学报,2004,20(2):78-82.

[39] 韩思明,史俊通,杨春峰.渭北旱塬夏闲地聚水保墒耕作技术的研究[J].干旱地区农业研究,1993,11(S):46-51.

[40] 韩晓日,郑国砥,刘晓燕,等.有机肥与化肥配合施用土壤微生物量氮动态、来源和供氮特征[J].中国农业科学,2007,40(4):765-772.

[41] 何文清,赵彩霞,刘爽,等.全生物降解膜田间降解特征及其对棉花产量影响[J].中国农业大学学报,2011,16(3):21-27.

[42] 贺菊美,王一鸣.不同覆盖材料对春玉米土壤环境及产量效应的研究[J].中国农业气象,1996,17(3):33-36.

[43] 胡芬,陈尚模.寿阳试验区玉米地农田水分平衡及其覆盖调控试验[J].农业工程学报,2000,16(4):146-148.

[44] 胡宏亮.生物降解地膜的产量效应和降解特性及大田示范研究[D].杭州:浙江大学,2015.

[45] 胡宏亮,韩之刚,张国平.生物降解地膜对玉米的生物学效应及其降解特性[J].浙江大学学报:农业与生命科学版,2015,41(2):179-188.

[46] 胡希远,陶士珩,王立祥.半干旱偏旱区糜子沟垄径流栽培研究初报[J].干旱地区农业研究,1997,15(1):44-49.

[47] 胡伟,孙九胜,单娜娜,等.降解地膜对地温和作物产量的影响及其降解性分析[J].新疆农业科学,2015,52(2):317-320.

[48] 胡延杰,翟明普,武觐文,等.杨树刺槐混交林及纯林土壤酶活性的季节性动态研究[J].北京林业大学学报,2001,23(5):23-26.

[49] 黄占斌,山仑.论我国旱地农业建设的技术路线与途径[J].干旱地区农业研究,2000,18(2):1-6.

[50] 黄明镜,晋凡生,池宝亮,等.地膜覆盖条件下旱地冬小麦的耗水特征[J].干旱地区

农业研究,1999,17(2):20-25.

[51] 霍海丽,王琦,张恩和,等.不同集雨种植方式对干旱区紫花苜蓿种植的影响[J].应用生态学报,2013,24(10):2770-2778.

[52] 贾春虹.小麦秸秆覆盖对玉米幼苗和马唐等杂草的化感效应研究[D].北京:中国农业大学,2005.

[53] 兰印超.不同可降解地膜的田间应用效果研究[D].太原:太原理工大学,2013.

[54] 李爱菊,陈红雨.环境友好材料的研究进展[J].材料研究与应用,2010,4(4):372-378.

[55] 李春勃,范丙全,孟春香,等.麦秸覆盖旱地棉田少耕培肥效果[J].生态农业研究,1995,3(3):52-55.

[56] 李凤民,王静,赵松岭.半干旱黄土高原集水高效旱地农业的发展[J].生态学报,1999,19(2):259-264.

[57] 李华.栽培模式对冬小麦产量形成和养分利用的影响[D].杨凌:西北农林科技大学,2006.

[58] 李华,田振荣,马玉鹏.微集水技术模式在玉米生产上的应用研究[J].宁夏农林科技,2011,52(06):3,5.

[59] 李建奇.品种栽培措施对春玉米籽粒品质和产量形成的影响[D].甘肃农业大学,2006.

[60] 李军,王龙昌,孙小文.宁南半干旱偏旱区旱作农田沟垄径流集水蓄墒效果与增产效应研究[J].干旱地区农业研究,1997,15(1):8-13.

[61] 李默隐.地膜覆盖栽培对土壤温度、容重、水分及烟叶常量的效应[J].土壤通报,1983,(1):27-29.

[62] 李全起,陈雨海.灌溉条件下秸秆覆盖麦田耗水特性研究[J].水土保持学报,2005,15(2):130-132.

[63] 李荣,王敏,贾志宽,等.渭北旱塬区不同沟垄覆盖模式对春玉米土壤温度、水分及产量的影响[J].农业工程学报,2012,28(2):106-113.

[64] 李荣,侯贤清,贾志宽,等.沟垄全覆盖种植方式对旱地玉米生长及水分利用效率的影响[J].生态学报,2013,33(7):2282-2291.

[65] 李儒.渭北旱塬微集水种植模式对土壤水分、养分及冬小麦产量的影响[D].杨凌:西北农林科技大学,2010.

[66] 李儒,崔荣美,贾志宽,等.不同沟垄覆盖方式对冬小麦土壤水分及水分利用效率的影响[J].中国农业科学,2011,44(16):3312-3322.

[67] 李尚中,王勇,樊廷录,等.旱地玉米不同覆膜方式的水温及增产效应[J].中国农业

科学,2010,43(5):922-931.

[68] 李倩,张睿,贾志宽.玉米旱作栽培条件下不同秸秆覆盖量对土壤酶活性的影响[J].干旱地区农业研究,2009,27(4):152-162.

[69] 李世清,李凤民,宋秋华.半干旱地区不同地膜覆盖时期对土壤氮素有效性的影响[J].生态学报,2001,21(9):1519-1526.

[70] 李文军,刘作新,舒乔生,等.植物纤维地膜的土壤水热及作物产量效应[J].干旱地区农业研究,2008,28(6):34-37.

[71] 李吾强,温晓霞,高茂盛,等.半湿润区旱作起垄覆膜沟播小麦的水分及生理效应研究[J].西北农业学报,2008,17(5):146-151.

[72] 李小雁.半干旱过渡带雨水集流试验与微型生态集雨模式[D].兰州:中国科学院寒区旱区环境与工程研究所,2000.

[73] 李小雁,张瑞玲.旱作农田沟垄微型集雨结合覆盖玉米种植试验研究[J].水土保持学报,2005,19(2):45-48+52.

[74] 李玉鹏.宁南旱区秸秆覆盖条件下的农田生态效应研究[D].杨凌:西北农林科技大学,2010.

[75] 李月兴,张宝丽,魏永霞.秸秆覆盖的土壤温度效应及其对玉米生长的影响[J].灌溉排水学报,2011,30(2):82-85.

[76] 梁亚超,于桂霞,杨殿荣,等.玉米地膜覆盖蓄水保墒高产机理的研究[J].干旱地区农业研究,1990,(1):27-32.

[77] 梁银丽.黄土区地面覆盖的主要类型及其保水效应[J].水土保持通报,1997,(1):27-31.

[78] 廖允成,张景林,王留芳,等.宁南旱区粮食生产与降水丰歉年景的划分[J].农业系统科学与综合研究,2002,18(3),180-182.

[79] 廖允成,温晓霞,韩思明,等.黄土台原旱地小麦覆盖保水技术效果研究[J].中国农业科学,2003,36(5):548-552.

[80] 刘敏,黄占斌,杨玉姣.可生物降解地膜的研究进展与发展趋势[J].中国农学通报,2008,24(3):439-443.

[81] 刘群.生物降解地膜降解过程及其对玉米生长发育和产量的影响研究[D].杨凌:西北农林科技大学,2012.

[82] 刘艳红,贾志宽,张睿,等.沟垄二元覆盖对旱地土壤水分及作物水分利用效率的影响[J].干旱地区农业研究,2010,28(4):152-157.

[83] 刘正辉.半干旱区农田微集水种植带型优化设计研究[D].杨凌:西北农林科技大学,2001.

［84］马育军,李小雁,伊万娟,等.沟垄集雨结合砾石覆盖对沙棘生长的影响[J].农业工程学报,2010,26(S2):188-194.

［85］买自珍,罗世武,程炳文,等.玉米二元覆盖农田水分动态及水分利用效率研究[J].中国生态农业学报,2007,15(3):68-70.

［86］牛一川,姚天明,安建平,等.地膜覆盖栽培对冬小麦衰老进程的影响[J].麦类作物学报,2004,24(3):90-92.

［87］欧清华.生物可降解地膜在烤烟生产中的应用研究[J].天津农业科学,2013,19(8):62-64.

［88］钱桂琴,沈善铜,朱启泰.生物降解淀粉树脂地膜应用试验初报[J].江苏农业科学,1997,(5):52-53.

［89］强小嫚,周新国,李彩霞,等.不同水分处理下液膜覆盖对夏玉米生长及产量的影响[J].农业工程学报,2010,26(1):54-60.

［90］乔海军.生物全降解地膜的降解过程及其对玉米生长的影响[D].兰州:甘肃农业大学,2007.

［91］邱威扬,邱贤平,王飞镝.淀粉塑料[M].北京:化学工业出版社,2002:116-117.

［92］屈振民,胡俊鹏,孙平阳.黄土高原干旱地区旱作农业技术发展途径的探讨[J].西北农林科技大学学报(自然科学版),2004,32(7):89-92.

［93］任小龙.模拟雨量下微集水种植农田土壤水温状况及玉米生理生态效应研究[D].杨凌:西北农林科技大学,2008.

［94］任小龙,贾志宽,陈小莉.不同模拟雨量下微集水种植对农田水肥利用效率的影响[J].农业工程学报,2010,26(3):75-81.

［95］任小龙,贾志宽,陈小莉,等.模拟降雨量条件下沟垄集雨种植对土壤养分分布及夏玉米根系生长的影响[J].农业工程学报,2007,23(12):94-99.

［96］任小龙,贾志宽,陈小莉,等.模拟降雨量下沟垄微型集雨种植玉米的水温效应[J].中国农业科学,2008a,41(1):70-77.

［97］任小龙,贾志宽,陈小莉,等.模拟不同雨量下沟垄集雨种植对春玉米生产力的影响[J].生态学,2008b,28(3):1006-1015.

［98］任小龙,贾志宽,陈小莉.半干旱区沟垄集雨对玉米光合特性及产量的影响[J].作物学报,2008c,34(5):838-845.

［99］任小龙,贾志宽,韩清芳,等.半干旱区模拟降雨下沟垄集雨种植对夏玉米生产影响[J].农业工程学报,2007,23(10):45-50.

［100］任小龙,贾志宽,丁瑞霞,等.我国旱区作物根域微集水种植技术研究进展及展望[J].干旱地区农业研究,2010,28(3):83-89.

[101]山下岩男. Degradable plastics third generation success[J]. Polymer News,1992,17:150.

[102]山仑. 我国西北地区植物水分研究与旱地农业生态[J]. 植物生理学通讯,1983,(5):7–10.

[103]陕西省农业厅. 地膜小麦高产栽培技术[M]. 西安:陕西人民教育出版社,1999,8:1–4;12.

[104]尚金霞,李军,贾志宽,等. 渭北旱塬春玉米田保护性耕作蓄水保墒效果与增产增收效应[J]. 中国农业科学,2010,43(13):2668–2678.

[105]申丽霞,王璞,张丽丽. 可降解地膜对土壤、温度水分及玉米生长发育的影响[J]. 农业工程学报,2011,27(6):25–30.

[106]申丽霞,王璞,张丽丽. 可降解地膜的降解性能及对土壤温度、水分和玉米生长的影响[J]. 农业工程学报,2012,28(4):111–116.

[107]沈振荣,苏人琼. 中国农业水危机对策研究[M]. 北京:中国农业科技出版社,1998,2:213.

[108]盛建东,肖华,武红旗,等. 不同取样尺度农田土壤速效养分空间变异特征初步研究[J]. 干旱地区农业研究,2005,23(2):64–67.

[109]史增录,赵武云,马海军,等. 全膜双垄沟播起垄施肥铺膜机的研制[J]. 干旱地区农业研究,2012,30(2):169–174.

[110]宋凤斌. 玉米地膜覆盖增产的土壤生态学基础[J]. 吉林农业大学学报,1991,3(2):4–7.

[111]宋秋华,李凤民,王俊,等. 覆膜对春小麦农田微生物数量和土壤养分的影响[J]. 生态学报,2002,22(12):2125–2132.

[112]宋昭峥,赵密福. 可降解塑料生产技术[J]. 精细石油化工进展,2005,3(6):13–20.

[113]谭志坚,王朝云,易永健,等. 可生物降解材料及其在农业生产中的应用[J]. 塑料科技,2014,42(2):83–89.

[114]妥德宝,李振华,康暄,等. 半干旱区地膜垄沟集雨系统土壤水分特征的初步研究[J]. 内蒙古农业科技,2011,(1):28–30.

[115]王百田,王斌端. 黄土坡面地表处理与产流过程研究[J]. 水土保持学报,1994,8(2):19–24.

[116]王宝善. 通过铺沙栽培保持土壤湿度和利用盐土[J]. 农业译丛,1966,(4):30–31.

[117]王彩绒,田霄鸿,李生秀. 覆膜集雨栽培对冬小麦产量及养分吸收的影响[J]. 干旱地区农业研究,2004,22(2):108–111.

[118]王恩姮,陈祥伟. 大机械作业对黑土区耕地土壤三相比与速效养分的影响[J]. 水土保持学报,2007,21(4):99–102.

[119]汪德水. 旱地农田水肥关系原理与条控技术[M]. 北京:中国农业出版社,1995:187–190.

[120]王虎全,韩思明,李岗. 渭北旱源冬小麦全程微型聚水两元覆盖高产栽培机理研究[J]. 干旱地区农业研究,2001,8(1):48–53.

[121]汪景宽,须湘称,张旭东,等. 长期地膜覆盖对土壤磷素状况的影响[J]. 沈阳农业大

学学报,1994,25(3):311–315.

[122]王俊鹏,蒋骏,韩清芳,等.宁南半干旱地区春小麦农田微集水种植技术研究[J].干旱地区农业研究,1999,17(2):8–13.

[123]王俊鹏,马林,蒋骏,等.宁南半干旱地区谷子微集水种植技术研究[J].水土保持通报,2000a,20(3):41–43.

[124]王俊鹏,韩清芳,王龙昌,等.宁南半干旱区农田微集水种植技术效果研究[J].西北农业大学学报,2000b,28(4):16–20.

[125]王丽萍.不同覆盖集水栽培措施对烟田土壤环境及烤烟产量和品质的影响[D].郑州:河南农业大学,2005.

[126]王敏,王海霞,韩清芳,等.不同材料覆盖的土壤水温效应及对玉米生长的影响[J].作物学报,2011,37(7):1249–1258.

[127]王宁,马涛.淀粉基可降解塑料的研究现状与展望[J].农产品加工,2007,88(1):43–44,50.

[128]王琦,张恩和,李凤民.半干旱地区膜垄和土垄的集雨效率和不同集雨时期土壤水分比较[J].生态学报,2004,24(8):1820–1823.

[129]王树森,邓根云.地膜覆盖增温机制研究[J].中国农业科学,1991,24(3):74–78.

[130]王松林,高爱民,王波,等.旱地全膜双垄沟残膜回收机关键作业参数试验分析[J].湖南农业大学学报(自然科学版),2014,40(6):660–664.

[131]王同朝,卫丽,郭红艳.农田化学介质覆盖节水技术研究应用进展[J].中国农学通报,2003,19(6):120–125.

[132]王同朝,卫丽,王燕.夏玉米垄作覆盖对农田土壤水分及其利用影响[J].水土保持学报,2007,121(2):129–132.

[133]王维,郑曙峰,路曦结,等.农田秸秆覆盖技术研究进展[J].安徽农业科学,2009,37(18):8343–8346.

[134]王晓娟,贾志宽,梁连友,等.旱地施有机肥对土壤水分和玉米经济效益影响[J].农业工程学报,2012,28(6):144–149.

[135]王晓凌.半干旱农田生态系统马铃薯田间微域集水的理论与实践[D].杨凌:西北农林科技大学,2002.

[136]王鑫,青国宾,任志刚,等.无公害可降解地膜对玉米生长及土壤环境的影响[J].中国农业生态学报,2007,15(1):78–81.

[137]王星,吕家珑,孙本华.覆盖可降解地膜对玉米生长和土壤环境的影响[J].农业环境科学学报,2003,22(4):397–401.

[138]王耀林.新编地膜覆盖栽培技术大全[M].北京:中国农业出版社,1998:1–34.

[139]王月福,王铭伦,郑建强,等.不同覆盖措施对丘陵地土壤水分和温度及花生生长发育的影响[J].农学学报,2012,2(7):16-21.

[140]王玉娟,陈永忠,何小三.秸秆覆盖对林地土壤肥力及树体生长的影响[J].江西林业科技,2010,(1):49-52.

[141]王玉娟,陈永忠,王瑞,等.稻草覆盖对油茶幼林土壤理化性质及油茶生长的影响[J].浙江农林大学学报,2012,29(6):811-816.

[142]魏虹,王建力.半干旱黄土高原集水农业的气候学基础[J].西南师范大学学报,1999,(6):695-702.

[143]卫正新,王小平,史观义,等.梯田微集流聚肥改土耕作法高产高效技术研究[J].中国水土保持,2000,(9):15-18.

[144]温善菊,伍维模,战勇,等.可降解地膜的生物降解作用研究[J].河南农业科学,2012,41(6):71-74.

[145]温晓霞,殷瑞敬,高茂盛,等.不同覆盖模式下旱作苹果园土壤酶活性和微生物数量时空动态研究[J].西北农业学报,2011,20(11):82-88.

[146]吴国.环境降解地膜降解产物对作物生长代谢及土壤关键酶活性的影响[D].成都:四川师范大学,2013.

[147]吴荣美.秸秆还田与全膜双垄集雨沟播耦合对玉米资源利用效率及土壤质量的影响[D].兰州:兰州大学,2011.

[148]夏芳琴,姜小凤,董博,等.不同覆盖时期和方式对旱地马铃薯土壤水热条件和产量的影响[J].核农学报,2014,28(7):1327-1333.

[149]夏自强,蒋洪庚,李琼芳,等.地膜覆盖对土壤温度、水分的影响及节水效益[J].河海大学学报,1997,25(2):30-45.

[150]肖继兵,孙占祥,蒋春光,等.辽西半干旱区垄膜沟种方式对春玉米水分利用和产量的影响[J].中国农业科学,2014,47(10):1917-1928.

[151]谢驾阳,王朝辉,李生秀,等.地表覆盖对西北旱地土壤有机氮累积及矿化的影响[J].中国农业科学,2010,43(3):507-513.

[152]许大全,张玉忠,张荣铣.植物光合作用的光抑制[J].植物生理学通讯,1992,28(4):237-243.

[153]许景伟,王卫东,李成.不同类型黑松混交林土壤微生物酶及其与土养分关系的研究[J].北京林业大学学报,2000,22(1):51-55.

[154]徐明双,李春山,刘冬.可降解塑料的研究进展[J].塑料制造,2009,(5):81-85.

[155]许香春,王朝云.国内外地膜覆盖栽培现状及展望[J].中国麻业科学,2006,28(1):6-11.

[156]严昶升.土壤肥力研究法[M].北京:科学出版社,1999.

[157]严昌荣,刘恩科,舒帆,等.我国地膜覆盖和残留污染特点与防控技术[J].农业资源与环境学报,2014,31(2):95–102.

[158]严昌荣,梅旭荣,何文清,等.农用地膜残留污染的现状与防治[J].农业工程学报,2006,22(11):269–272.

[159]晏祥玉,郭兆建,康宁,等.甘蔗光降解地膜与普通地膜不同覆盖方式对比试验[J].中国糖料,2014,(3):17–19.

[160]杨封科.旱作春小麦起垄覆膜微集水种植技术研究[J].灌溉排水学报,2004,23(4),48–49.

[161]杨封科,高世铭,张绪成,等.旱地玉米覆盖栽培的土壤水热及产量效应[J].核农学报,2014,28(2):302–308.

[162]杨海迪,海江波,贾志宽,等.不同地膜周年覆盖对冬小麦土壤水分及利用效率的影响[J].干旱地区农业研究,2011,29(2):27–34.

[163]杨继福,余根坚.我国节水灌溉材料设备的生产状况及对策[J].节水灌溉,1999,(6):5–7.

[164]杨青华,韩锦峰,贺德先.液体地膜覆盖对棉田土壤微生物和酶活性的影响[J].生态学报,2005,25(6):1312–1317.

[165]杨青华,黄勇,马二培.液体地膜覆盖对棉花根系生长发育的影响[J].生态学杂志,2006,25(3):299–302.

[166]杨云马,贾树龙,孟春香.免耕麦田土壤速效养分含量动态研究[J].河北农业科学,2005,9(3):25–28.

[167]杨招弟,蔡立群,张仁陟,等.不同耕作方式对旱地土壤酶活性的影响[J].土壤通报,2008,39(3):514–517.

[168]姚建民.黄土残原沟壑区土地开发适应性评价方法研究[J].自然资源学报,1994,9(2):185–192.

[169]尹国丽.半干旱区苜蓿沟垄覆盖种植对集水保墒和土壤环境影响的研究[D].兰州:甘肃农业大学,2006.

[170]易永健,许香春,王朝云,等.麻地膜覆盖栽培对土壤生态环境的影响[J].中国麻业科学,2010,32(5):252–257.

[171]员学锋.保墒灌溉节水增产机理及其效应研究[D].杨凌:西北农林科技大学,2006.

[172]袁海涛,王丽红,董灵艳,等.氧化–生物双降解地膜降解性能及增温、保墒效果研究[J].中国农学通报,2014,30(23):166–170.

[173]赵爱琴,李子忠,龚元石.生物降解地膜对玉米生长的影响及其田间降解状况[J].中国农业大学学报,2005,10(2):74–78.

[174]赵聚宝,李克煌.干旱与农业[M].北京:中国农业出版社,1995,254–232.

[175]赵久然.不同时期遮光对玉米籽粒生产能力的影响及生产的效果[J].中国农业科学,1990,23(4):28-35.

[176]赵荣华,李萍,黄明镜.秋季覆膜对旱地谷子若干生理特性的影响[J].干旱地区农业研究,1998,16(1):41-44.

[177]赵燕,李淑芬,吴杏红,等.我国可降解地膜的应用现状及发展趋势[J].现代农业科技,2010,(23):105-107.

[178]赵铭钦,赵进恒,张迪,等.保水剂对烤烟光合特性日变化的影响[J].中国农业科学,2010,43(6):1265-1273.

[179]张保军,郭立宏.浅谈我国地膜小麦的理论研究与实践应用[J].水土保持研究,2000,(1):54-58.

[180]张春艳,杨新民.液态地膜对玉米生长及产量的影响[J].青岛农业大学学报(自然科学版),2008,25(3):227-230.

[181]张德奇,廖允成,贾志宽.旱区地膜覆盖技术的研究进展及发展前景[J].干旱地区农业研究,2005,23(1):208-213.

[182]张杰,贾志宽,李国领,等.不同材料地膜覆盖对玉米生物学性状的影响[J].西北农林科技大学学报(自然科学版),2010a,38(12):133-140,147.

[183]张杰,任小龙,罗诗峰,等.环保地膜覆盖对土壤水分及玉米产量的影响[J].农业工程学报,2010b,26(6):14-19.

[184]张杰.环保型地膜覆盖对土壤环境的影响及玉米生长的响应[D].杨凌:西北农林科技大学,2010.

[185]张其水,俞新妥.杉木连栽林地营造混交林后土壤微生物的季节动态研究[J].生态学报,1990,10(2):121-125.

[186]张庆忠,吴文良,王明新,等.秸秆还田和施氮对农田土壤呼吸的影响[J].生态学报,2005,25(11):2883-2887.

[187]张鹏,张晓芳,卫婷,等.垄膜沟播与平膜侧播对冬小麦光合特性及产量的影响[J].干旱地区农业研究,2012,30(6):32-37+49.

[188]张万文,王萍,王彦华,等.春玉米地膜覆盖增产因素研究[J].杂粮作物,2000,20(2):28-30.

[189]张欣悦,李连豪,汪春,等.1GSZ-350型灭茬旋耕联合整地机的设计与试验[J].农业工程学报,2009,25(5):73-77.

[190]张有富.秸秆覆盖对旱作麦田水分及产量的影响[J].甘肃农业科技,2007,(6):14-15.

[191]张正茂,任广鑫,闵安成.渭北旱塬冬小麦不同栽培方式初探[J].干旱地区农业研究,1999,17(4):36-40.

[192]中国地膜覆盖栽培研究会.地膜覆盖栽培技术大全[M].北京:农业出版社,1988, 1:2；66.

[193]中国科学院地理研究所.土面增温剂及其在农林业上的应用[M].北京:科学出版社,1976, 121-124.

[194]朱国庆,史学贵,李巧珍.定西半干旱地区春小麦农田微集水种植技术研究[J].中国 农业气象,2001,22(3):6-9.

[195]朱自玺,赵国强,邓天宏,等.秸秆覆盖麦田水分动态及水分利用效率研究[J].生态 农业研究,2000,8(1):34-37.

[196]Acharya C L,Bandyopadhyay K K,Hati K M. Mulches: Role in Climate Resilient Agriculture [J]. In Encyclopedia of Soils in the Environment:(Hillel D,Rosenzweig C,Powlson D S, Scow K M,Singer M J,Sparks D L,Hatfield J,Eds.), Earth Systems and Environmental Sciences. Elsevier:Amsterdam,The Netherlands,2018,pp. 521-532.

[197]Baker N. Chlorophyll fluorescence:A probe of photosynthesis in vivo [J]. Plant Biology, 2008,59(1):89.

[198]Ben-Asher J. &Warrick A W. Effect of variations in soil properties and precipitation on micro-catchment water balance[J]. Agric. Water Manage,1987,12(3):177-194.

[199]Ben-Asher J,Oron G,Button B J. Estimation of runoff volume fou agriculture in arid lands. Jacob Blaustein Institute for Desert Research [M]. Ben Gurion University of the Negev,1985.

[200]Bierhuizen J F,Slatyer R O. Effect of atmospheric concentration of water Vapor and CO_2 in determining transpiration photosynthesis relationship of cotton leaves [J]. Agricultural Meteorology,1965,2,259-270.

[201]Boers Th M,De Groaf M,Feddes R A,et al. A linear regression model combined with a soil water balance model to design micro-catchments for water harvesting in arid zones [J]. Agric. Water Manage,1986,11:187-206.

[202]Boyer J S. Plant productivity and environment[J]. Science,1982,218:443-448.

[203]Bradbury M,Baker N R A. Quantitative determination of photochemical and non-photo-chemical quenching during the slow phase of chlorophyll fluorescence induction curve of bean leaves[J]. Biochen Biophys Acta,1984,765:695-698.

[204]Briassoulis D. Mechanical behaviour of biodegradable agricultural films under real field conditions[J]. Polymer Degradation and Stability,2006,91,1256-1272.

[205]Carter D,Miller S. Three years experience with an on-farm macro-catchment water harvesting system in Botswana[J]. Agricultural Water Management,1991,19,191-203.

[206]Cluff C B. Engineering aspects of water harvesting at the university of Arizona [J]. In: Frasier,G.W. (ed),Proceedings of the water harvesting symposium,march,1974,26 – 28,27–39,Phoenix,Arizona.

[207]Counter J W,Oebker N F. Comparisions of paper and polyethylene mulching on yield of certain vegetable crops[J]. Proc. Amer. Hort. Sci.,1965,(85):526–531.

[208]Dutt G R,McCreary T W. Multipurpose salt treated water harvesting system [J]. In: Frasier,G.W. (ed),Proceedings of the water harvesting symposium,march,1974,26 – 28,310–314,Phoenix,Arizona.

[209]Fabrizzi K P,Garcia F O,Costa J L,et al. Soil water dynamics,physical properties and corn and wheat responses to minimum and no–tillage systems in the southern Pampas of Argentina[J]. Soil & Tillage Research,2005,81,57–69.

[210]Frasier G W. Water quality from water–harvesting systems [J]. Environ. Qual,1983,12: 225–231.

[211]Frasier G W. Water harvesting:a source of livestock water [J]. Range Manange,1975,8: 429–434.

[212]Frasier G W,Cooley K R,Griggs J R. Performance evaluation of water harvesting canchments[J]. Range Mange.,1979,36:453–456.

[213]Frith J L,Nulsen R A. Clay cover for roaded catchments [J]. Dept. of Aric,West. Aust. 1971,12(8),105–110.

[214]Frith J L,Nulsen R A,Nicol H I A. Computer model for optimizing design of improved catchment[J]. Proc. Water Harvesting Symp.,Pheonix,Arizona.,1975,pp. 151–157.

[215]Frith J L. Design and construction of roaded catchment [J]. Proc. Water Harvesting Symp. Pheonix,Arizona.,1975,pp. 122–127.

[216]Gall A,Flexas J. Gas–exchange and chlorophyll fluorescence measurements in grapevine leaves in the field[J]. Methodologies and Results in Grapevine Research,2010,107–121.

[217]Geddes H J. Water harvesting,Proc ASCE[J]. Irrig Drain Div,1963,104:43–58.

[218]Genty B,Briantais J,Baker N. The relationship between the quantum yield of photosynthetic electron transport and quenching of chlorophyll fluorescence[J]. Biochim. Biophys. Acta, 1989,990,87–92.

[219]Ghosh P K,Dayal D,Bandyopadhyay K K,et al. Evaluation of straw and polythene mulch for enhancing productivity of irrigated summer groundnut [J]. Field Crops Research, 2006,99,76–86.

[220]Hassan I A. Effects of water stress and high temperature on gas exchange and chlorophyll

fluorescence in Triticum aestivum L[J]. Photosynthetica,2006,44:312–315.

[221]He J,Li II W,Kuhn N J,ct al. Effect of ridge tillage,no–tillage,and conventional tillage on soil temperature,water use,and crop performance in cold and semi–arid areas in Northeast China[J]. Australian Journal of Soil Research,2010,48,737–744.

[222]Hemmat A,Eskandari I. Dryland winter wheat response to conservation tillage in a continuous cropping system in northwestern Iran[J]. Soil and Tillage Research,2006,86 (1):99–109.

[223]Herppich W B,Peckmann K. Responses of gas exchange,photosynthesis,nocturnal acid accumulation and water relations of aptenia cordifolia to shortterm drought and rewatering [J]. Journal of Plant Physiology,1997,150:467–474.

[224]Hirasawa T,Hsiao T. Some characteristics of reduced leaf photosynthesis at midday in maize growing in the field[J]. Field Crops Research,1999,62(1):53–62.

[225]Hollick M. Water harvesting in arid lands [J]. Scientific Reviews on Arid Zone Research, 1982,1,173–247.

[226]Huo L,Pang H C,Zhao Y G,et al. Buried straw layer plus plastic mulching improves soil organic carbon fractions in an arid saline soil from Northwest China[J]. Soil Tillage Res, 2017,165,286–293.

[227]Hussain G,Al–Jaloud A A. Effect of irrigation and nitrogen on water use efficiency of wheat in Saudi Arabia[J]. Agricultural Water Management,1995,27(2):143–153.

[228]Immirzi B,Santagata G,Vox G,et al. Preparation,characterisation and field–testing of a biodegradable sodium alginate –based spray mulch [J]. Biosystems Engineering,2009, 102,461–472.

[229]Jacks G V,Brind W D,Smith R. Mulching[J]. Commonwealth Bur. Soil Sci. Tech. Comm. 49,1955.

[230]Jia Y,Li F M,Wang X L,et al. Soil water and alfalfa yields as affected by alternating ridges and furrows in rainfall harvest in a semi–arid environment [J]. Field Crops Research,2006,97(2–3):167–175.

[231]Jin X X,An T T,Gall A R,et al. Enhanced conversion of newly–added maize straw to soil microbial biomass c under plastic film mulching and organic manure management [J]. Geoderma,2018,313,154–162.

[232]John E,Lloyd,Daniel A. et al. Organic mulches enhance overall plant growth [J]. Turf grass trends,2002,11(4):1–4.

[233]Kemper W D,Noonan L. Runoff as affected by salt treatment and soil texture [J]. Soil

Sci.Soc.Amer.Proc.,1970,34:120-130.

[234]Kemper W D,Nicks A D,Corey A T. Accumulation of water in soils under gravel and sand mulches. Soil Sci. Soc. Am. J.,1994,58,56-63.

[235]Kijchavengkul T,Auras R,Rubino M,et al. Assessment of aliphatic-aromatic copolyester biodegradable mulch films[J]. Part I:Field study. Chemosphere,2008,71(5):942-953.

[236]Kim I S,Kim S Y,Choi C D. et al. Effects of black polypropylene mulching on weed control and peach growth in peach orchard [J]. Journal of the Korean Society for Horticultural Science,2001,42(2):197-200.

[237]Laboski C A M,Dowdy R H,Allmara R R,et al. Soil strength and water content influences on corn root distribution in a sandy soil[J]. Plant Soil,1998,203:239-247.

[238]Laing I A F. Reducing evaporation from farm dams [J]. Dept,of Aric. West.Aust., 1975,11(1):8-15.

[239]Laing I A F. Sesling leaking excavated tands on farms in western Australian [J]. Proc. Water Harvesting Symp.,Pheonix,Arizona.,1970,pp. 159-174.

[240]Lal R. Enhancing crop yields in the developing countries through restoration of the soil organic carbon pool in agricultural lands[J]. Land Degrad. Dev,2006,17,197-209.

[241]Laverde G. Agricultural Films:Types and Applications [J]. Journal of Plastic Film & Sheeting,2003,18(4):269-277.

[242]Li F M,Wang J,Zhao S L. The development of water supply and high efficiency agriculture in the semiarid Loess Plateau[J]. Journal of Applied Ecology,1999,19(2):152-157.

[243]Li F M,Guo A H,Wei H. Effects of clear plastic film mulch on yield of spring wheat[J]. Field Crops Res.,1999,63:79-86.

[244]Liu Y,Shen Y F,Yang S J,et al. Effect of mulch and irrigation practices on soil water, soil temperature and the grain yield of maize(Zea mays L.) in Loess Plateau,China[J]. African Journal of Agricultural Research,2011,6(10):2175-2182.

[245]Li X Y. Experimental study on rainfall and run off observation of manual water collection ridges[J]. Journal of Soil and Water Conservation,2001,15(1):1-4.

[246]Li X Y,Gong J D. Effect of different ridge:furrow ratios and supplement irrigation on crop production in ridge and furrow rainfall harvesting system with mulches [J]. Agricultural Water Management,2002,54:243-254.

[247]Li X Y,Gong J D,Wei X H. In-situ rainwater harvesting and gravel mulch combination for corn production in the dry semi-arid region of China [J]. Journal of Arid Environments, 2000,46(4),371-382.

[248]Li X Y,Gong J D,Gao Q Z,et al. Incorporation of ridge and furrow method of rainfall harvesting with mulching for crop production under semiarid conditions [J]. Agricultural Water Management,2001,50,173–183.

[249]Li R,Hou X Q,Jia Z K,et al. Soil environment and maize productivity in semi–humid regions prone to drought of Weibei Highland are improved by ridge–and–furrow tillage with mulching[J]. Soil and Tillage Research,2020,196,104476.

[250]Li R,Hou X Q,Jia Z K,et al. Effests on Soil temperature,moisture,and maize yield of cultivation with ridge and furrow mulching in the rainfall area of the Loess Plateau,China [J]. Agricultrual Water Management,2013,116,101–109.

[251]Mahmoudpour M,Stapleton J. Influence of sprayable mulch colour on yield of eggplant (Solanum melongena L. cv. Millionaire)[J]. Scientia Horticulturae,1997,70(4):331–338.

[252]Mashingsidze A B,Chivinge O A,Zishiri C. The effects of clear and black mulch on soil temperature,weed seed viability and seedling emergence,growth and yield of tomatoes [J]. applied Sci. in southern Africa.,1996,2:6–14.

[253]Maxwell K,Johnson G N. Chlorophyll fluorescence–A practical guide [J]. Journal of Experiment Botany,2000,51:659–668.

[254]McCullough B D,Wilson B. On the accuracy of statistical procedures in Microsoft Excel 2000 and Excel XP[J]. Computational Statistics & Data Analysis,2002,40,713–721.

[255]Mcintyre D S. Permability measurements of soil crusts formed by raindrop impact[J]. Soil Sci.,1958,85–91.

[256]Mohapatra B K,Lenka D,Naik D. Effeets of plastic mulching on yield and water use efficiency in maize[J]. Annals of Agric. Res.,1998,19:210–211.

[257]Monneveux P,Quillérou E,Sanchez C,et al. Effect of zero tillage and residues conservation on continuous maize cropping in a subtropical environment (Mexico)[J]. Plant and Soil, 2006,279(1/2):95–105.

[258]Moreno M M,Moreno A. Effect of different biodegradable and polyethylene mulches on soil properties and production in a tomato crop[J]. Scientia Horticulturae,2008,116(3): 256–263.

[259]Myers L E. Harvesting precipitation [J]. Interntl Assoc For Sci Hydrol Pub,1964,65: 343–351.

[260]Myers L E. Recent advance in water harvesting [J]. Soil and Water Conservation, 1967,22:95–97.

[261]Mysers L E,Frasier G W,Griggs J R. Sprayed asphalt pavements for water harvesting[J].

J.Irrig. And Drain. Div.,1967,93(3):79-97.

[262]Olasantan F O. Effect of time of mulching on soil temperature and moisture regime and emergence,growth and yield of white yam in western Nigeria[J]. Soil & Tillage Research, 1999,50,215-221.

[263]Ramakrishna A,Tam H M,Wani S P,et al. Effect of mulch on soil temperature,moisture, weed infestation and yield of groundnut in northern Vietnam [J]. Field Crops Research, 2006,95,115-125.

[264]Ravi V,Lourduraj A C. Comparative performance of plastic mulching on soil moisture content,soil temperature and yield of rainfed cotton[J]. Madras Agric.J,1996,83:709-711.

[265]Reij C,Mulder P,Begeman L. Water harvesting for plant production [J]. World Bank Technical paper 91. Washington:World Blank.,1988,pp 123.

[266]Ren X L,Jia Z K,Chen X L,Rainfall concentration for increasing corn production under semiarid climate[J]. Agric. Water Manage,2008,95,1293-1302.

[267]Ren X L,Chen X L,Jia Z K. Effect of rainfall collecting with ridge and furrow on soil moisture and root growth of corn in semiarid northwest China [J]. Journal of Agronomy and Crop Science,2010,196(2):109-122.

[268]Rifai S W,Markewitz D,Borders B. Twenty years of intensive fertilization and competing vegetation suppression in loblolly pine plantations:Impacts on soil C,N,and microbial biomass[J]. Soil Biology & Biochemistry,2010,42:713-723.

[269]Robertson I D M. Origins and application of size fractions of soils overlying the beasley Creek gold deposit Western Australia [J]. Journal of Geochemical Exploration, 1999,66,99-113.

[270]Romic D,Romic M,Borosic J,et al. Mulching decreases nitrate leaching in bell pepper (Capsicum annuum L.) cultivation[J]. Agricultural Water Management,2003,60,87-97.

[271]Scarascia -Mugnozza G,Schettini E,Vox G,et al. Mechanical properties decay and morphological behaviour of biodegradable films for agricultural mulching in real scale experiment[J]. Polymer Degradation and Stability,2006,91,2801-2808.

[272]Schettini E,Vox G,De Lucia B. Effects of the radiometric properties of innovative biodegradable mulching materials on snapdragon cultivation [J]. Scientia Horticulturae, 2007,112,456-461.

[273]Subrahmaniyan K,Zhou W J. Soil temperature associated with degradable,non-degradable plastic and organic mulches and their effect on biomass production,enzyme activities and seed yield of winter rapeseed （Brassica napus L.)[J]. Journal of Sustainable Agriculture,

2008,32(4):611-627.

[274]Tian Y,Su D R,Li F M,et al. Effect of rainwater harvesting with ridge and furrow on yield of potato in semiarid areas[J]. Field Crops Research,2003,84(4):385-391.

[275]Tiwari K,Singh A,Mal P. Effect of drip irrigation on yield of cabbage (Brassica oleracea L. var. capitata) under mulch and non-mulch conditions [J]. Agricultural Water Management 2003,58,19-28.

[276]Vial L K,Lefroy R D B,Fukai S. Application of mulch under reduced water input to increase yield and water productivity of sweet corn in a lowland rice system [J]. Field Crops Research,2015,171:120-129.

[277]Wang Q,Zhang E H,Li F M,et al. Runoff efficiency and the technique of micro-water harvesting with ridges and furrows for potato production in semi-arid areas [J]. Water resources management,2008,22:1431-1443.

[278]Wang X L,Li F M,Jia Y,et al. Increasing potato yields with additional water and increased soil temperature[J]. Agricultural water management,2005,78:181-194.

[279]Wang Y J,Xie Z K,Malhi S S,et al. Effects of rainfall harvesting and mulching technologies on water use efficiency and crop yield in the semi-arid Loess Plateau,China [J]. Agricultural Water Management,2009,96(3):374-382.

[280]Wang Y P,Li X G,Hai L,et al. Film fully-mulched ridge-furrow cropping affects soil biochemical properties and maize nutrient uptake in a rainfed semi-arid environment[J]. Soil Sci. Plant Nutr,2014,60,486-498.

[281]Wang Y P,Li X G,Fu T T,et al. Multi-site assessment of the effects of plastic-film mulch on the soil organic carbon balance in semiarid areas of China [J]. Agric. Forest Meteorol,2016,(228-229),42-51.

[282]Weber C. Biodegradable soil mulch for pickling cucumbers. Gemuse,2000,36(4):30-32.

[283]Xie Z K,Wang Y J,Li F M. Effect of plastic mulching on soil water use and spring wheat yield in arid region of northwest China [J]. Agricultural Water Management, 2005,75,71-83.

[284]Zhang S L,Li P R,Yang X Y,et al. Effects of tillage and plastic mulch on soil water, growth and yield of spring-sown maize[J]. Soil & Tillage Research,2011,112:92-97.

[285]Zhang J,Sun J S,Duan A,et al. Effects of different planting patterns on water use and yield performance of winter wheat in the Huang-Huai-Hai plain of China[J]. Agricultural Water Management,2007,92,41-47.

[286]Zhao Y C,Wang P,Li J L,et al. The effects of two organic manures on soil properties

and crop yields on a temperate calcareous soil under a wheat–maize cropping system[J]. Eur. J. Agron,2009,31,36–42.

[287]Zhou L M,Li F M,Jin S L,et al. How two ridges and the furrow mulched with plastic film affect soil water,soil temperature and yield of maize on the semiarid Loess Plateau of China[J]. Field Crops Research,2009,113,41–47.

半湿润易旱区春玉米沟垄集雨结合覆盖技术操作规程

主要起草人:李荣,侯贤清,贾志宽,韩清芳等

1 范围

本规程规定了半湿润易旱区沟垄集雨结合覆盖技术的术语与定义、残茬处理、沟垄集雨覆盖、播前整地、施肥、播种、田间管理和收获的技术要求与操作方法。

本规程适用于半湿润易旱区一年一熟区春玉米栽培。

2 规范性引用文件

下列文件对于本文件的应用必不可少的,文件中的条款通过本规程的引用成为本规程的条款。凡是注日期的引用文件,仅所注日期的版本适用于本文件。凡是不注明日期的引用文件,其最新版本(包括所有的修改单)适用于本文件。

GB 4404.1 粮食作物种子 第一部分:禾谷类

GB/T 20865 免(少)耕施肥播种机

GB/T 21962 玉米收获机械技术条件

NY/T 1768—2009 免耕播种机质量评价技术规范

BD 62/821—2002 半干旱地区全膜双垄沟播技术规程

DB 61/T 1168—2018 渭北旱地玉米保护性轮耕技术规程

NY/T 1276 农药安全使用规范总则

NY/T 1997 除草剂安全使用技术规范通则

3 适用条件

3.1 气候条件

渭北旱塬地处中国黄土高原南部,属暖温带半湿润易旱区,为典型的雨养农业区。该区年降水时空分布不均,且变率较大,降水的分布与作物需水关键期不吻合。该区海拔 910 m,塬面开阔平坦,光热资源比较充足,年太阳辐射量 130.7×10³K/(a·cm²);年日照时数 2 528.3 h,年平均温度为 10.5℃;年降水量 550 mm 左右,降水年际间年内分配不均,主要集中在 7~9 月,年际间降水变异系数较大为 6.8%,年蒸发量 1 832.8 mm,属半湿润易旱区。

3.2 立地条件

选地宜为旱平地,土壤质地为中壤质壤土(砂粒 26.8%,粉粒 41.9%,黏粒 21.3%),土壤容重为 1.37 g/cm³,pH 为 8.1。表层土壤有机质(SOM)、全氮(TN)、全磷(TP)和全钾(TK)含量分别为 10.8 g/kg、0.8 g/kg、0.6 g/kg 和 7.1 g/kg,速效氮(AN)、速效磷(AP)和速效钾(AK)分别为 74.4 mg/kg、23.2 mg/kg 和 135.8 mg/kg,属低等肥力水平。

3.3 本规程适用作物

黄土高原半湿润易旱区种植春玉米。

4 术语和定义

下列术语和定义用于本文件。

4.1 全膜 full film

起垄后用厚度为 8 μm 的农用地膜全地面覆盖。

4.2 双垄 double ridge

起垄时形成大小垄在田间相间排列。

4.3 沟播 sowing in furrow

在垄沟内按年降雨量和土地肥力情况播种。

5 栽培技术

本条款没有说明的栽培措施,仍按常规农艺措施实施。

5.1 播前准备

5.1.1 地块选择

选择地势平坦、土层深厚、土质疏松、肥力中上、土壤理化性状良好、保水保肥能力强、坡度在 15°以下的地块,不宜选择坡地、石砾地、重盐碱等瘠薄地,以豆类、马铃薯、冬小麦茬口为佳。

5.1.2 整地

在伏秋前茬作物收获后及时深耕灭茬,耕深达到 25~30 cm,耕后及时耙耱,做到地面平整、无根茬、无坷垃,为覆膜、播种创造良好的土壤条件。

5.1.3 施肥

按照测土配方施肥原则,氮肥(纯 N)15~16.7 kg/亩,磷肥(P_2O_5)6~8 kg/亩,钾肥(K_2O)5~6 kg/亩,划行后将全部磷肥、钾肥及 70%~80%的氮肥混合均匀结合播前整地一次性施入,深 10~15 cm,剩余氮肥在大喇叭口期追施,也可在播种时选择玉米专用缓控释肥一次性基施。

5.1.4 选用良种

选用经省级以上品种审定委员会审定通过的,适宜旱地栽培,且生育期适宜,丰产、优质、抗旱、抗病虫害的优良杂交玉米品种,如:郑单 958、先玉 335、榆单 9 号、陕单 609 等。

5.2 起垄

5.2.1 沟垄规格

垄幅宽 60 cm,沟宽 60 cm,垄高 15 cm。

5.2.2 起垄方法

川台地按作物种植走向开沟起垄、缓坡地沿等高线开沟起垄。使用起垄机沿小垄划线开沟起垄;用步犁开沟起垄,沿小垄划线来回向中间翻耕起小垄,将起垄时的犁臂落土用手耙刮至大垄中间形成垄面,用整形器整理垄面,使垄面隆起,防止形成凹陷不利于集雨。要起垄覆膜连续作业,防止土壤水分散失。

5.3 覆盖

5.3.1 覆盖材料的选择

普通地膜为宽 0.8 m,厚 8 μm 的聚乙烯薄膜,生物全降解膜为宽 0.8 m,厚 8 μm,秸秆为当地玉米秸秆,按 9 000 kg/hm² 的量于玉米播后一周内均匀覆盖于土壤表面,液态膜为以公司推荐量(450 L/hm²)后,于播后一周内按产品:水 1:5 兑水稀释后均匀喷洒于土壤表面。

5.3.2 覆盖时间

5.3.2.1 秋季覆盖

前茬作物收获后,及时深耕耙地,在 10 月中下旬起垄覆盖。

5.3.2.2 顶凌覆盖

早春 3 月上中旬土壤消冻 15 cm 时,起垄覆盖。

5.3.3 覆膜方法

选用厚度 8 μm、宽 80 cm 的地膜。沿边线开 5 cm 深的浅沟,地膜展开后,靠边线的一边在浅沟内,用土压实;另一边在大垄中间,沿地膜每隔 1 m 左右,用铁锹从膜边下取土原地固定,并每隔 2~3 m 横压土腰带。覆完第一幅膜后,将第二幅膜的一边与第一幅膜在大垄中间相接,膜与膜不重叠,从下一垄垄侧取土压实,依次类推铺完全田。覆膜时要将地膜拉展铺平,从垄面取土后,应随即整平。

5.3.4 覆盖后管理

覆盖地膜后一周左右,地膜与地面贴紧时,在沟中间每隔 50 cm 处打一直径 3 mm 的渗水孔,使垄沟的集雨入渗。田间覆膜后,严禁牲畜入地践踏造成地膜破损。要经常沿垄沟逐行检查,一旦发现破损,及时用细土盖严,防止大风揭膜。

5.4 播种

5.4.1 播期

当气温稳定通过 10℃时为玉米适宜播期,各地可结合当地气候特点确定播种时间。

5.4.2 播种方法

一般在 4 月中下旬。用玉米点播器按规定的株距将种子破膜穴播在沟内,每穴下籽 2~3 粒,播深 3~5 cm,点播后随即踩压播种孔,使种子与土壤紧密结合,或用细砂土、牲畜圈粪等疏松物封严播种孔,防止播种孔散墒和遇雨板结影响出苗。

5.4.3 合理密植

按照土壤肥力状况、降雨条件和品种特性确定种植密度。年降水量 300~

350 m 的地区以 3 000~3 500 株/亩为宜,株距为 35~40 cm,年降水量 350~
450 mm 的地区以 3 500~4 000 株/亩为宜, 株距为 30~35 cm, 年降水量
450 mm 以上地区以 4 000~4 500 株/亩为宜,株距为 27~30 cm。肥力较高,墒
情好的地块可适当加大种植密度。

5.5　田间管理

5.5.1　苗期

出苗后,适时查补苗,3 叶间苗,5 叶定苗。

5.5.2　化学除草

播种后、出苗前及时喷洒封闭型除草剂,在玉米生长期应根据杂草生长
情况,合理配方除草剂。 除草剂的使用应符合 NY/T 1997 的要求。

5.5.3　适时追肥

在大喇叭口期选择雨后墒情好时在植株附近挖穴追施纯氮 3~4 kg/亩。

5.5.4　病虫防治

采取药剂拌种、种子包衣、叶面喷雾或毒饵灌心叶等防治措施,控制玉米
主要病虫害(如玉米瘤黑粉病、玉米丝黑穗病、玉米大小斑病、玉米茎腐病、玉
米螟、玉米黏虫等)。农药的使用应符合 NY/T 1276 的要求。

5.5.5　收获

在玉米完熟期、籽粒含水量达到 25% 以下时适时收获,机械收获应符合
GB/T 21962 的要求。

图　版

田间试验布设

田间测定

沟垄集雨种植春玉米配套农机具

春玉米沟垄集雨种植技术应用

D+D 与 D+J 处理春玉米长势对比

D+J 与 D+S 处理春玉米长势对比

D+S 与 D+Y 处理春玉米长势对比

CK 与 D+B 处理春玉米长势对比